新编21世纪高等职业教育精品教材
装备制造类

工业控制技术应用

主　编◎王　政　李　瑜　郑火胜
副主编◎李俊仕　张继东　王德志
　　　　包西平　王　琪　钟荣林
　　　　曾启杰　王　伟
参　编◎胡俊峰　杨俊峰
主　审◎何　萍　刘　志

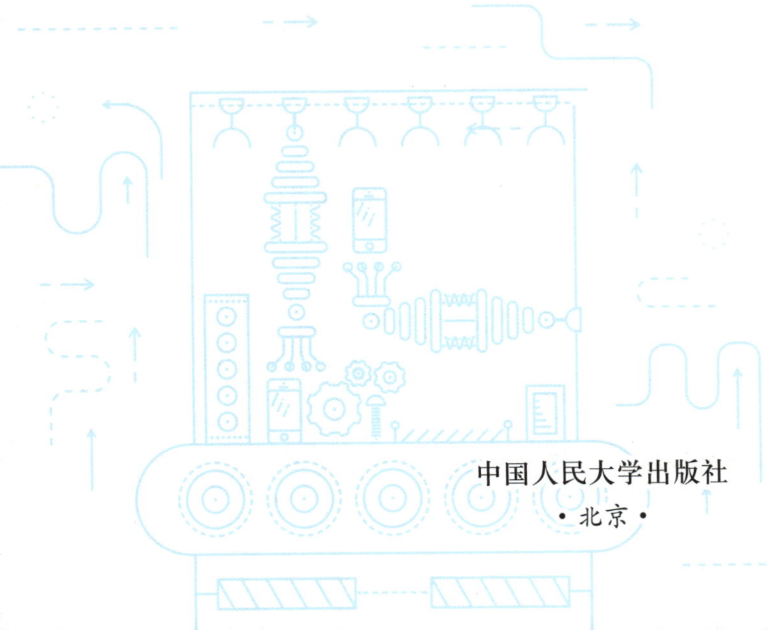

中国人民大学出版社
·北京·

图书在版编目（CIP）数据

工业控制技术应用 / 王政，李瑜，郑火胜主编. --
北京 ：中国人民大学出版社，2024.7
新编 21 世纪高等职业教育精品教材. 装备制造类
ISBN 978-7-300-32793-8

Ⅰ.①工… Ⅱ.①王… ②李… ③郑… Ⅲ.①工业控制系统－高等职业教育－教材 Ⅳ.①TP273

中国国家版本馆 CIP 数据核字（2024）第 095349 号

新编 21 世纪高等职业教育精品教材 · 装备制造类
工业控制技术应用
主　编　王　政　李　瑜　郑火胜
副主编　李俊仕　张继东　王德志　包西平　王　琪　钟荣林　曾启杰　王　伟
参　编　胡俊峰　杨俊峰
主　审　何　萍　刘　志
Gongye Kongzhi Jishu Yingyong

出版发行　中国人民大学出版社
社　　址　北京中关村大街 31 号　　**邮政编码**　100080
电　　话　010－62511242（总编室）　010－62511770（质管部）
　　　　　010－82501766（自营网店）　010－62514148（明德书店）
　　　　　010－62511173（销售部）　010－62515275（盗版举报）
网　　址　http://www. crup. com. cn
经　　销　新华书店
印　　刷　中煤（北京）印务有限公司
开　　本　787 mm×1092 mm　1/16　　**版　　次**　2024 年 7 月第 1 版
印　　张　12.5　　**印　　次**　2026 年 1 月第 2 次印刷
字　　数　255 000　　**定　　价**　54.00 元

P R E F A C E

前言

党的二十大报告对“实施科教兴国战略，强化现代化建设人才支撑”进行了详细、深刻的论述，强调了新百年、新征程，发展职业教育的重要性和紧迫性，明确提出三教（职业教育、高等教育、继续教育）的协同和三融（职普融通、产教融合、科教融汇）的系统化概念，不断推进“产教融合、知行合一”和培养高素质技能型人才的战略目标。

现代工业控制技术是变频器、PLC、组态控制的核心技术，在各种生产机械和生产线中得到了非常广泛的应用。变频器具有调速范围宽、调速精度高、动态响应快、运行效率高、功率因数高、操作方便且便于其他设备接口等优点，在调速系统中得到广泛的应用。

变频器是运动控制系统中的功率变换器。目前的运动控制系统包含多种学科的技术领域，总体发展趋势是驱动的交流化，功率变换器的高频化，控制的数字化、智能化和网络化。因此，变频器作为系统的重要功率变换部件，因提供可控的高性能变压变频的交流电源而得到迅猛的发展。

西门子新一代工业软件——博途，是面向现代制造企业的工业控制系统，是现代自动化控制系统的核心之一，因其编程语言易于接受而被广泛应用。组态软件是指一些数据采集与过程控制的专用软件，为用户提供快速构建工业自动控制系统监控功能。

本教材通过 7 个单元的学习使学生较系统地掌握变频器的工作原理；学会变频器的调试、安装与维护；并通过工业控制系统典型案例的学习，提升学生对变频器、S7-1200 PLC 及组态控制技术的应用能力。学生或技术人员通过对工业自动化中典型案例的学习，能够根据现代控制技术，自己构建并设计一个典型的工业控制系统并加以实现。

本教材由包头职业技术学院的王政、李瑜，武汉城市职业学院的郑火胜担任主编，由包头职业技术学院的李俊仕、张继东、王德志，徐州工业职业技术学院的包西平，武汉城市职业学院的王琪，惠州工程职业学院的钟荣林，广东轻工职业技术学院的曾启杰，武汉船舶职业技术学院的王伟担任副主编，参与编写的还有内蒙古机电技师学院的胡俊峰和包头机电工业职业学校的杨俊峰。附录由李瑜老师编写，全书由王政统稿。全书内容由何萍教授和国家级技能大师刘志主审。在编写过程中得到多位教师同仁及企业专家的帮助，他们提出了许多宝贵意见和建议，在此深表谢意。

本书配套了数字化资源，学生通过扫二维码进行学习使用。资源有操作训练、习题和附录等内容，内容直观、丰富，可以提高学生的学习体验。

由于编者水平有限，书中不妥及疏漏之处在所难免，敬请广大读者给予批评指正。

编者

C O N T E N T S 目录

单元 1 变频器基本知识的学习

本单元主要学习变频技术的概念；了解变频器的应用及发展趋势；学习三相交流异步电动机的相关知识；学习工业变频器的基本结构、原理及变频器的控制方式与主要参数；学习变频器的类型选择。通过本单元的学习，能够了解变频器的发展过程，掌握变频器的内部结构、分类、工作原理以及如何选择变频器。

学习目标

1. 了解交流电动机的调速方式，以及变频调速的优点；
2. 了解工业变频器的类型及发展，以及工业变频器的应用领域及意义；
3. 掌握变频器主电路的结构和电路各部分的作用；
4. 掌握脉冲宽度调制技术的概念与原理；
5. 掌握变频器三相桥式 SPWM 逆变电路的变压、变频原理；
6. 了解电力电子器件的类型与特点；
7. 了解变频器控制电路各部分的作用；
8. 深刻理解变频器各种功能的概念和作用；
9. 掌握各种变频器功能的设置方法和设置条件。

任务 1.1 变频技术概论的学习

1.1.1 变频技术

变频技术是一种把直流电逆变成不同频率的交流电的转换技术，是因交流电动机无极调速的需要而诞生的。它可把交流电变成直流电后再逆变成不同频率的交流电，或把直流电变成交流电后再把交流电变成直流电。总之这一切都只有频率的变化，而没有电能的变化。

变频器（Variable-frequency Drive，VFD）是应用变频技术与微电子技术，把工频电源（50Hz 或 60Hz）变换成频率和电压可调的交流电源的电力控制设备，通过改变频率，用以驱动交流异步电动机进行变频调速。变换过程中没有中间环节的，称为交流-交流变频器；有中间环节的，称为交流-直流-交流变频器。

1.1.2 变频器应用及发展趋势

变频器的出现，使交流电动机的调速变得和直流电动机一样方便，并可由计算机联网控制，因此得到了广泛的应用，其发展前景广阔。

变频调速技术的发展，使变频调速被认为是一种理想的交流调速方法。20 世纪 60 年代中期，随着普通的晶闸管、小功率管的实用化，出现了静止变频装置。它是将三相的工频电源经变换后，得到频率可调的交流电。这个时期的变频装置，多为分立元件，体积大、造价高，大多是为特定的控制对象而研制的，容量普遍偏小，控制方式也很不完善，调速后电动机的静、动态性能还有待提高，特别是低速的性能很不理想，因此仅用于纺织、磨床等特定场合。20 世纪 70 年代以后，电力电子技术和微电子技术以惊人的速度向前发展，变频调速传动技术也随之取得了日新月异的进步，开始出现了通用变频器。它功能丰富，可以适用于不同的负载和场合。20 世纪 90 年代，随着半导体开关器件、矢量控制技术的成熟，微机控制的变频调速成为主流，调速后异步电动机的静、动态特性可以和直流调速相媲美。随着变频器的专用大规模集成电路、半导体开关器件、传感器的性能越来越高，进一步提高变频器的性能和功能已成为可能。现在的变频器功能很多，操作也很方便，其寿命和可靠性也较以前有了很大的进步。

变频器主要用于调节交流电动机（异步电机或同步电机）的转速，是公认的交流电动机最理想、最具发展前景的调速方案之一。该设备除具备优异的调速性能外，还能发挥显著的节能作用，是企业开展技术改造、推进产品更新换代的理想调速装置。自 20 世纪 80 年代引入我国后，变频器作为节能应用与速度工艺控制领域愈发重要的自动化设备，实现了快速发展与广泛普及。

21 世纪以来，我国变频器行业逐步推进本地化经营布局，产业主要集聚在广东、浙江、山东、上海等沿海地区。在国家宏观政策的扶持与鼓励下，近年来国产变频器品牌中涌现出一批优势企业，生产规模持续扩大，产品综合性能大幅提升。部分国产产品已在市场中形成一定竞争优势，市场份额稳步增长，国内变频器市场的竞争格局也因此发生了显著改观。

目前，节能技术是我国变频器应用的主要方向。变频器作为节能降耗的重要手段，在各行业均展现出广阔的应用潜力。以电力行业为例，电力领域投资的持续增长，加之电厂对成本控制的要求不断提高，降低内部电耗已成为行业关注的焦点，变频器尤其是高压、大功率变频器，在该领域的发展潜力尤为巨大。据相关分析数据显示，我国带变动负载且具备节能潜力的电机装机容量至少达 1.8 亿千瓦。为此，国家大力推行各类节能措施，并将变频调速技术列为重点推荐技术，该技术通过调节电机转速匹配实际负载需求，有效规避了传统定速运行模式造成的能源浪费，实现了能耗的显著降低。此外，普通家庭对节约电费、提升家电性能、践行绿色环保的需求日益提升，变频家电也成为变频器的另一大广阔市场和重要应用趋势。搭载变频器的冰箱、洗衣机、家用空调等家电产品，节电表现突出，相较传统定频家电可节省 20%～30%的电能；同时，变频技术能有效减小电压冲击，延长家电使用寿命，且设备运行时噪声更低，大幅提升使用舒适度；其更高的控制精度，可精准调节设备运行状态，充分满足不同使用场景的多样化需求。

国内变频器生产企业数量已形成一定规模，2023 年变频器行业国产化率实现显著提升，本土品牌在中低压变频器市场的占有率达 38.4%；高压变频器领域则涌现出汇川技术、合康新能等优质本土企业，逐步实现对海外品牌的替代。

变频器技术的发展，另一重要层面在于应用技术的升级。多年来，我国相关部门持续推动变频器技术的研发与推广应用，在技术研发、技术改造领域给予重点政策与资金扶持，组织开展变频调速技术的评测与推荐工作，并将该技术的推广列为风机、水泵类设备节能技术改造专项的重点投资方向。同时，国家鼓励各单位采用“统贷统还”模式，从技术研发、示范工程建设、市场推广应用三个维度推进变频调速技术落地，还设立了风机、水泵节能中心，为行业提供专业的信息咨询与技术培训服务。变频器的核心作用在于电气传动控制，行业对其控制复杂性、控制精度及动态响应能力均提出极高要求，目前该技术已全面取代传统直流调速技术。近年来，变频器在功能拓展方面持续突破，依托先进控制理论，成功开发出卷取、提升、主从控制等实用功能，大幅简化了应用系统的构建流程，推动变频器应用技术迈上新的台阶。

1.1.3　三相交流异步电动机变频调速基础介绍

在变频器调速拖动系统中，使用的电动机大多数是三相交流异步电动机。为了说明变频器的功能和应用，有必要先了解三相异步电动机的相关知识。

1. 三相异步电动机的起动和调速

(1) 三相交流异步电动机的起动。

对于小容量三相交流异步电动机可采用直接起动方法；容量较大的三相笼型异步电动机常见的起动方法有自耦变压器减压起动、Y－Δ 起动、定子串电阻或串电抗等减压起动；三相绕线型异步电动机采用转子串电阻、串频敏变阻器起动。

由于上述起动方法会导致起动过程中存在较大的冲击电流，不但对负载造成很大的冲击，还易导致电网电压波动。因此，利用电力电子技术与自动控制技术实现电动机软起动、软停车的软起动控制器的应用范围逐渐扩大。

（2）三相交流异步电动机的调速。

三相交流异步电动机调速方法有：变极调速、变频调速、变转差率调速。

1）变级调速。

这种调速方法是通过改变定子绕组的接线方式来改变笼型电动机定子极对数而达到调速的目的，特点如下：具有较硬的机械特性，稳定性良好；无转差损耗，效率高；接线简单、控制方便、价格低；有级调速，级差较大，不能获得平滑调速；可以与调压调速、电磁转差离合器配合使用，获得较高效率的平滑调速特性。本方法适用于不需要无级调速的生产机械，如金属切削机床、升降机、起重设备、风机、水泵等。

2）变频调速。

变频调速是改变电动机定子电源的频率，从而改变其同步转速的调速方法。变频调速系统主要设备是提供变频电源的变频器，变频器可分成交流-直流-交流变频器和交流-交流变频器两大类，目前国内大都使用交流-直流-交流变频器。其特点如下：效率高，调速过程中没有附加损耗；应用范围广，可用于笼型异步电动机；调速范围大，特性硬，精度高；技术复杂，造价高，维护检修困难。本方法适用于要求精度高、调速性能较好的场景。

3）变转差率调速。

①串级调速。

串级调速是指绕线式电动机转子回路中串入可调节的附加电势来改变电动机的转差，达到调速的目的。大部分转差功率被串入的附加电势所吸收，再利用附加的装置，把吸收的转差功率返回电网或转换为其他形式的能量加以利用。根据转差功率的吸收利用方式，串级调速可分为电动机串级调速、机械串级调速及晶闸管串级调速 3 种形式，多采用晶闸管串级调速。其特点如下：可将调速过程中的转差损耗回馈到电网或生产机械上，效率较高；装置容量与调速范围成正比，投资省，适用于调速范围在额定转速 70％～90％的生产机械上；调速装置故障时可以切换至全速运行，避免停产；晶闸管串级调速功率因数偏低，谐波影响较大。本方法适合于在风机、水泵、轧钢机、矿井提升机、挤压机上使用。

②绕线式异步电动机转子串入附加电阻调速。

绕线式异步电动机转子串入附加电阻，使电动机的转差率加大，电动机在较低的转速下运行。串入的电阻越大，电动机的转速越低。此方法设备简单，控制方便，但转差功率以发热的形式消耗在电阻上，属有级调速，机械特性较软。

③改变定子电压调速。

当改变电动机的定子电压时，可以得到一组不同的机械特性曲线，从而获得不同的转速。由于电动机的转矩与电压的平方成正比，因此最大转矩下降很多，其调速范围较小，使一般笼型电动机难以应用。调压调速的主要装置是一个能提供电压变化的电源，目前常用的调压方式有串联饱和电抗器、自耦变压器以及晶闸管调压等几种，其中晶闸管调压方式最佳。调压调速的特点为：调压调速线路简单，易实现自动控制；调压过程中转差功率以发热形式消耗在转子电阻中，效率较低。调压调速一般适用于100kW以下的生产机械。

④电磁调速电动机调速。

电磁调速电动机由笼型电动机、电磁转差离合器和直流励磁电源（控制器）三部分组成。这是一种转差调速方式，改变转差离合器的直流励磁电流，便可改变离合器的输出转矩和转速。电磁调速电动机的调速特点为：装置结构及控制线路简单、运行可靠、维修方便；调速平滑、无级调速；对电网无谐波影响；速度损失大、效率低。本方法适用于中、小功率，要求平滑动、短时低速运行的生产机械。

2. 三相交流异步电动机调速的性能指标

（1）调速。

调速是在负载没有改变的情况下，根据生产过程需要人为强制性地改变拖动系统的转速。例如，将电源频率从50Hz调至40Hz，电动机的工作点从Q1移至Q2其转速也从1 460r/min调至1 168r/min。可见调速时转速的改变是从不同的机械特性上得到的。我们将调速时得到的机械特性称为调速特性。

（2）速度改变。

速度改变是由于负载的变化而引起拖动系统的转速改变。例如，若原系统工作在Q点，此时负载转矩T_r减小，从而引起系统加速，最后稳定运行在Q点上。可见速度改变时转速的变化是从同一个机械特性上得到的。

（3）调速指标。

电动机的调速性能常用下列指标衡量。

1）调速范围。

调速范围是指电动机在额定负载时所能达到的最高转速$n_{L\max}$与最低转速$n_{L\min}$之比，即

$$a_L=\frac{n_{L\max}}{n_{L\min}} \tag{1-1}$$

不同的生产机械对调速范围的要求不同，如车床的调速范围为20～120，钻床为2～12，铣床为20～30等。一般变频器的最低工作频率可达到0.5Hz，即在额定频率（50Hz）以下，调速范围为100。

2）调速的平滑性。

调速的平滑性是指相邻两级转速的接近程度。两挡转速差越小，调速的平滑性越好。在变频调速时，若给定为模拟信号，多数变频器输出频率的分辨率（相邻两级频率）为0.05Hz，以4级电动机为例，则相邻两挡的转速差为

$$\varepsilon_n=\frac{60\times0.05}{2}=1.5(\mathrm{r/min}) \tag{1-2}$$

其平滑性很高。

3）调速的经济性。

调速的经济性主要从两个方面来衡量：

①调速设备的投资和运行维修费用。

②电动机调速时引起的能量损耗。

总的来说，以上两个方面需考虑求得最佳的性能价格比。变频调速装置的价格一般较高，但其故障率较低，在很多的场合节能效果显著，因此和直流调速系统相比较，变频调速系统的优势很明显。

4）调速后的工作特性。

调速后的工作特性常通过下面两点来衡量。

①静态特性：主要是指调速后机械特性的硬度。工程上常用静差度δ来表示：

$$\delta=\frac{n_0-n_N}{n_0}\times100\% \tag{1-3}$$

②动态特性：是指过渡过程中的性能，如加减速过程是否快捷、平稳，遇到冲击性负载时，系统的转速能否迅速恢复等。

对大多数的生产机械来说，希望调速后的机械特性能硬一些，负载变化时，速度变化较小，工作比较稳定。但有的负载希望调速后的机械特性较软，如电梯，负载较重时，为安全起见，要求速度明显地慢下来。

任务 1.2　工业变频器基本结构的认识

1.2.1　变频器的分类

变频器的种类很多，分类方法也很多。通过熟悉变频器分类方法，可以对变频器有一个整体的了解。

1. 按变频器的原理分类

（1）交流-交流变频器（交-交变频器）。

它是将频率固定的交流电源直接变换成频率连续可调的交流电源，其主要优点是没有中间环节，变换效率高。但其连续可调的频率范围较窄，一般在额定频率的 1/2 以下（$0<f<f_N/2$），故主要用于容量较大的低速拖动系统中。

（2）交流-直流-交流变频器（交-直-交变频器）。

先将频率固定的交流电整流后变成直流电，再经过逆变电路，把直流电逆变成频率连续可调的三相交流电，由于把直流电逆变成交流电较易控制，因此在频率的调节范围和变频后电动机特性的改善等方面，都具有明显的优势。目前使用最多的变频器是交-直-交变频器。

1）根据直流环节的储能方式来分，交-直-交变频器又可分成电压型和电流型两种。

①电压型。

整流后靠电容来滤波的交-直-交变频器称为电压型变频器，现在使用的变频器大部分为电压型。

②电流型。

整流后靠电感来滤波的交-直-交变频器称为电流型变频器，这种类型的变频器较为少见。

2）根据调压方式的不同，交-直-交变频器又可分成脉幅调制和脉宽调制两种。

①脉幅调制。

变频器输出电压的大小是通过改变直流电压来实现的，常用 PAM 表示。这种方法现在已很少使用了。

②脉宽调制。

变频器输出电压的大小是通过改变输出脉冲的占空比来实现的，常用 PWM 表示。目前使用最多的是占空比按正弦规律变化的正弦波脉宽调制，即 SPWM 方式，也是下面讲解的主要调制方式。

2. 按变频器的用途分类

（1）按变频器的应用范围来分，变频器主要分为专用变频器和通用变频器两类。

1）专用变频器。

专用变频器是针对某一种（类）特定的控制对象而设计的。专用变频器均是在某一方面性能比较优良。例如，风机、水泵用变频器，电梯及起重机械用变频器，中频变频器等。

2）通用变频器。

通用变频器是变频器中数量最多，应用最广泛的一种。

（2）按容量来分，变频器主要分为大容量变频器和中小容量变频器。大容量变频器主要用于冶金工业的一些低速场合；常见的中小容量变频器主要有两大类：节能型变频器和通用型变频器。

1）节能型变频器。

由于节能型变频器的负载主要是风机、水泵、二次方律负载，它们对调速性能的要求不高，因此节能型变频器的控制方式比较单一，一般只有 U/f 控制，功能也没有那么齐全，价格相对要便宜些。

2）通用型变频器。

通用型变频器主要用在生产机械的调速上。而生产机械对调速性能的要求（如调速范围，调速后的动、静态特性等）往往较高，如果调速效果不理想会直接影响到产品的质量，所以通用型变频器必须使变频后电动机的机械特性符合生产机械的要求。因此这种变频器功能较多，价格也较贵。它的控制方式除了 U/f 控制，还使用了矢量控制技术。因此，在各种条件下均可保持系统工作的最佳状态。除此之外，高性能变频器还集成了各类先进控制功能，包括 PID 调节、PLC 控制、PG 闭环速度控制等。其中，PID 调节功能可根据实际运行参数与设定值的偏差，完成精准的比例、积分、微分运算，实现对温度、压力、流量等过程变量的精确控制，广泛应用于恒压供水、恒温控制等场景；PLC 控制功能支持用户通过编程实现复杂的自动化控制逻辑，如多段速运行、正反转切换、顺序控制等，大幅提升系统的灵活性与智能化水平；PG 闭环速度控制（脉冲编码器闭环控制）通过实时检测电机转速并将数据反馈至变频器，使变频器可根据反馈信号动态调整输出频率，进而实现超高的速度控制精度与稳定性，尤其适用于机床、纺织机械、印刷设备等对速度控制要求严苛的高端制造领域。这些控制功能的集成，不仅增强了变频器对复杂工况的适应能力，更显著提升了整个调速系统的运行效率、控制精度与可靠性，充分满足现代工业生产对自动化、高精度、高稳定性的严苛要求。

1.2.2 通用变频器的结构

异步电动机变频调速运转时，通常由变频器主电路给电动机提供调压调频电源。此电源输出的电压或电流及频率由控制回路的控制指令进行控制，而控制指令则根据外部的运转指令进行运算获得。对于需要更精确的转速或快速响应的场合，运算还应包含由变频器主电路和传动系统检测出来的信号。变频器保护电路除应防止因变频器主电路过电压、过电流引起损坏外，还应保护异步电动机及传动系统等。

各生产厂家生产的通用变频器的主电路结构和控制电路并不完全相同，但基本的构造原理和主电路的连接方式及控制电路的基本功能都大同小异。

通用变频器的外观结构也有许多共同性。其外观结构图如图 1－1 所示，变频器外观都是尺寸不同的长方体，正面面板上安装了数字操作器。

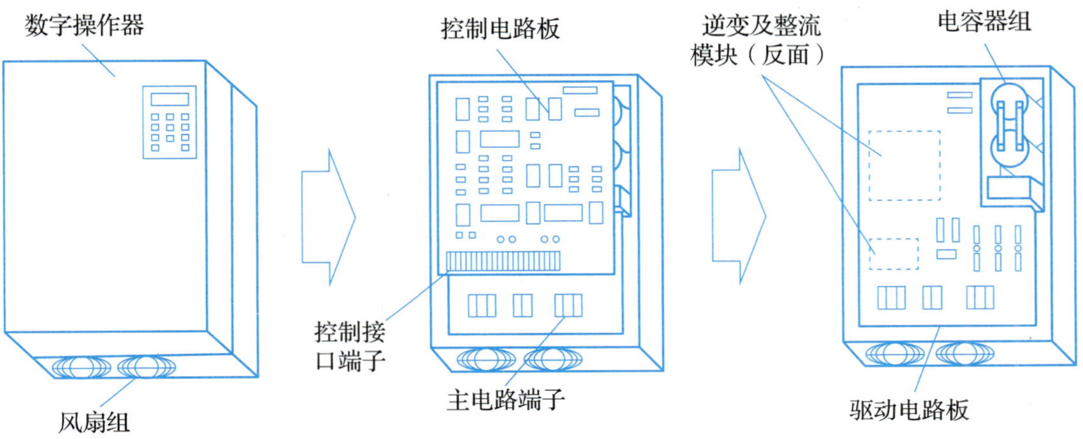

图 1－1　变频器外观结构图

多数变频器的数字操作器是插接卡件，固定在变频器面板槽口内，拆卸变频器面板时需要先拔下数字操作器。拆卸掉面板后会看到变频器控制电路板，变频器控制电路的主要部分都在这块印制电路板上。有的变频器也将控制接口驱动板等局部控制电路安装在小一些的印制电路板上，然后加装在控制电路板上面。控制电路板的下方是控制接口端子，主电路的输入输出端子也通常布置在其下方，但不在控制电路板上。控制电路板与主回路间有驱动触发信号和检测信号等多个信号连接，这些信号线通常是以插接口连接的，拆卸控制电路板之前需要确认所有的插接都安全地拔掉了。拆开电路板之后，就能看见变频器的主电路连接。通用变频器的结构展开图如图 1－2 所示。

中小容量变频器常常把主电路元器件固定在驱动电路板上，驱动电路板上面有主电路接线的印制电路。在驱动板面上能够看见充电限制电阻、电容器均压电阻、熔断器以及其他主电路的附属元器件，逆变器模块和整流器模块通常安装在驱动板背面，因为它们的端面要和底座上的散热片贴合。电容器组、接触器、直流电抗器等体积较大的元器件通常固定在驱动电路板旁边的空间里，用导线或者铜排连接。大容量变频器的主电路元器件通常是分别单独固定的，彼此以导线或者铜排连接。逆变器模块和整流器模块与散热片是通过导热胶贴合的，如果拆卸了驱动电路板，就会使模块与散热片分离，此时必须重新涂敷导热胶。底座通常占有

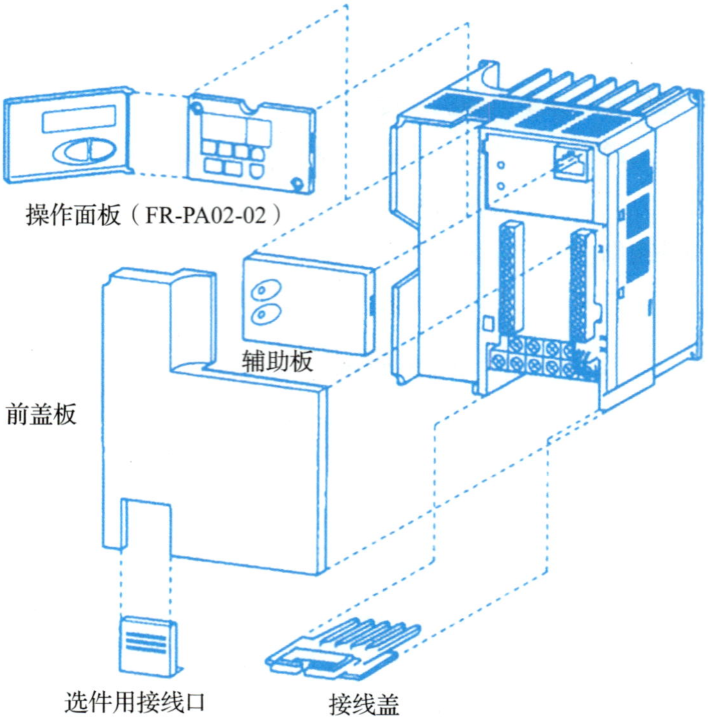

图 1－2　通用变频器的结构展开图

变频器较大比例的体积，但只是一个安装支持构架，上面有散热片、风扇组和风道等结构部分。

通用变频器主电路结构和控制电路如图 1－3 所示。

1. 主电路接线端

主电路接线端包括接工频电网的输入端（R、S、T），接电动机的频率、电压连续可调的输出端（U、V、W）。

2. 控制端子

变频器的控制端子用于对三相交流异步电动机的控制。变频器的转速反馈、正转、反转、外部报警、自由运转、复位、高速、中速、低速、点动、接地端子即为变频器的外部控制端子。

3. 操作面板

操作面板包括液晶显示屏和键盘。

4. 输入端隔离电路

变频器有一系列的输入端子，这些输入端子和 CPU 是通过隔离电路联系的。输入端隔离电路出了问题，会影响端子的正常输入，因为每个输入端子独立连接一只光电耦合器，哪一只光电耦合器出了问题，那一路输入端子就不能正常工作。

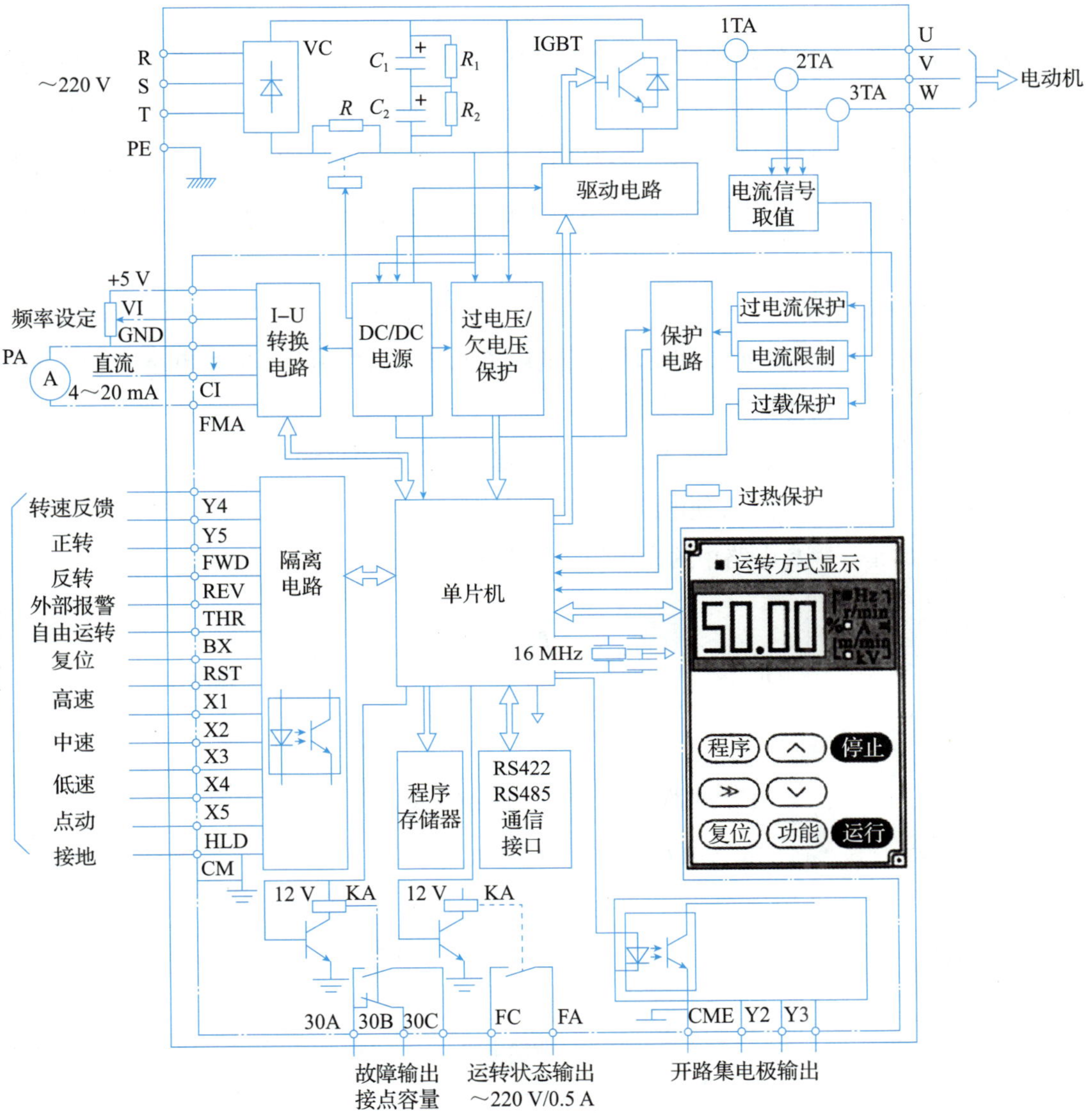

图 1-3　通用变频器主电路结构和控制电路

5. DC/DC 电源

变频器除主电路之外所有电路都有供电电源。如果供电电源出了故障，则整个变频器停止工作。因为该电源的输出端是分组输出，哪一组出了问题，会影响那一组所对应的电路。

6. 过电压/欠电压保护电路

过电压/欠电压保护电路是直流母线电压的检测电路，检测直流母线欠电压或过电压。该电路出了问题，一是不能正确地提供检测保护信号，产生误报；二是失去保护功能，使制动电阻不能工作，引起主电路过电压而损坏。

7. 驱动电路

驱动电路是将 CPU 输出的 PWM（Pulse Width Modulation，脉冲宽度调制）信号进行放大，驱动 IGBT（Insulate Gate Bipolar Transistor，绝缘栅双极型晶体管）开关工作。该电路和主电路紧密相连，是很重要又容易出故障的一部分电路。变频器驱动电路由隔离电路、驱动放大电路组成，如图 1－4 所示。变频器驱动电路与驱动电源连接图如图 1－5 所示。

（1）光耦隔离电路。

图 1－4 中 IC 为 PWM 输出和驱动电路的隔离电路。其作用是当驱动电路损坏时不至于将故障扩大到 PWM 发生电路。

（2）V1 为第一级放大；V2、V3 为输出跟随器，提高输出能力。

（3）图 1－4 中稳压管 DZ 使电源电压稳定在 20V。

值得注意的是：隔离电路中的光耦隔离集成块容易损坏。

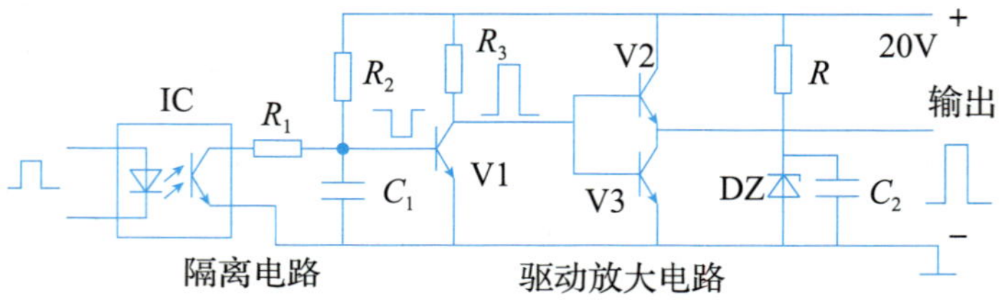

图 1－4　变频器驱动电路的组成

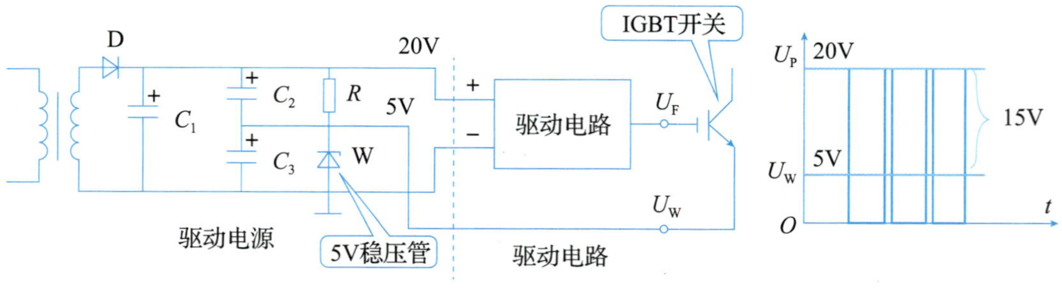

图 1－5　变频器驱动电路与驱动电源连接图

（4）驱动电路和驱动电源的连接。

驱动电源作用：为驱动电路提供直流电源。该电路由一只 5V 稳压管给定 5V 电源，加在 IGBT 开关的发射极上，使驱动信号为零时，保证 IGBT 控制极为 5V 的负电压，使管子可靠地截止。

该电源需要 4 组，3 组带浮地，1 组直接接地。该电源由变频器的 DC/DC 直流电源提供。

8. 保护电路

变频器保护电路的作用是保护逆变桥过电流、过电压、过载等。它由检测、放大、模/数转换等电路组成。该电路出了故障，一是误报；二是失去保护功能，造成逆变桥的损坏。

（1）电流检测电路。

电流检测电路用于检测变频器的输出电流，进行过电流、过载计算，当判断为过电流、过载时，立即封锁变频器的输出脉冲，使 PWM 电路停止工作。

（2）直流电压检测电路（见图 1－6）。

为使电压变化时，仍能保证 $U/f=C$ 的控制方式，由直流电压检测电路实时检测直流电路的电压 U_d，根据 U_d 的变化调整 PWM 波的占空比。

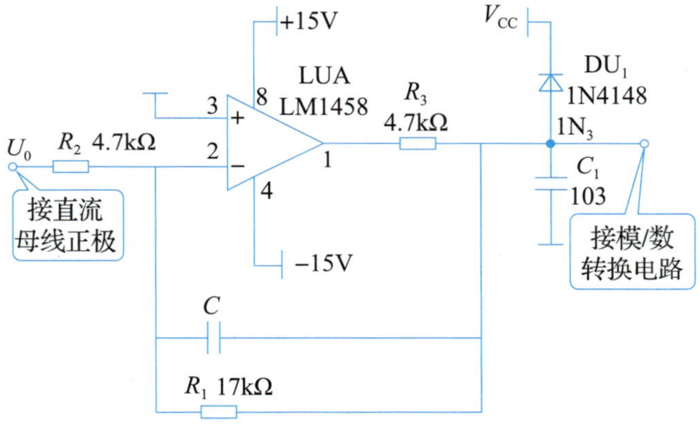

图 1－6　直流电压检测电路

9. 操作面板

操作面板是采用插接件连接的，如果出现接触不良，会引起个别功能消失，如果供电不良则会引起黑屏。若出现个别功能部件失灵的情况，可能是按键接触虚造成的。

10. 单片机

单片机是变频器的核心器件，如同人体的大脑，承担着各类控制信号的输出，以及输入、检测等信号的处理工作。作为核心的 CPU 经集成电路多重防护，故障率极低，正常工况下的损坏概率微乎其微；但雷击、变频器电源引发的过压、工作环境潮湿、静电感应等特殊情况，均可能导致其损坏。进行故障维修时，若没有充分的理由，切勿轻易判定单片机存在问题，因为一旦认定单片机故障，往往需要整体更换主板。

1.2.3　变频器主回路组成及原理

目前，变频器主回路的变换环节大多采用交-直-交变频变压方式。交-直-交变频器先把工频交流电通过整流电路变成直流电，然后再把直流电逆变成频率、电压可调的交流电。通用变频器主要由主回路和控制电路组成，主回路包括整流电路、直流中间电路和逆变电路三部分组成，其基本构成框图如图 1－7 所示。通用变频器主回路基本构成原理图如图 1－8 所示，其主回路实物图如图 1－9 所示。

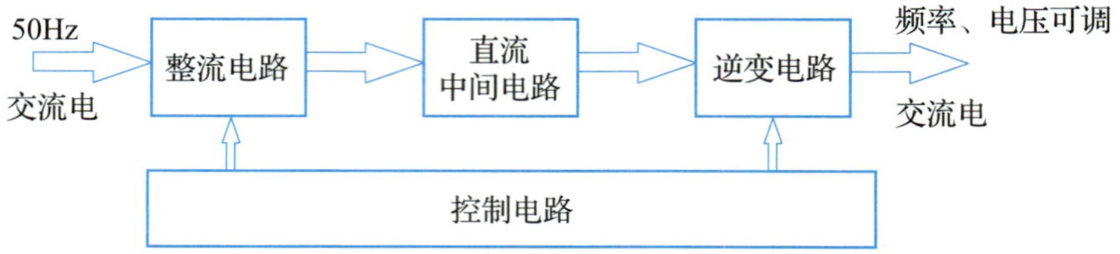

图 1－7　变频器主回路基本构成框图

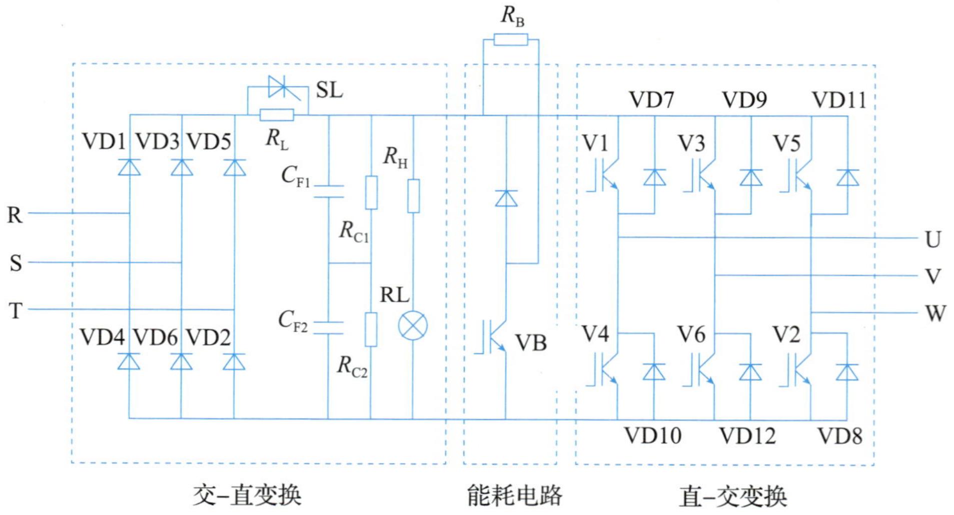

图 1－8　通用变频器主回路基本构成原理图

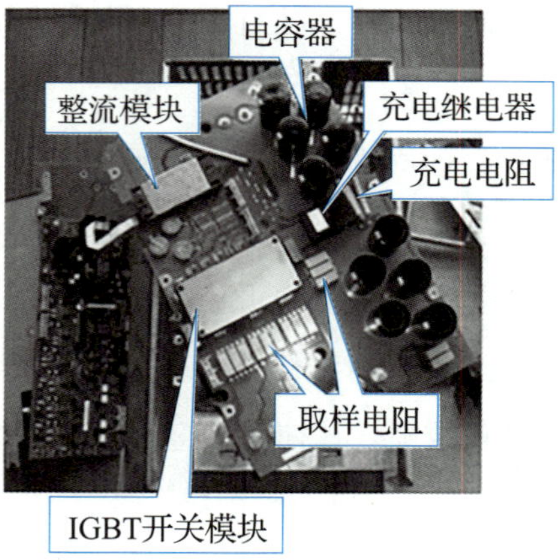

图 1－9　通用变频器主回路实物图

对于使用最广泛的交-直-交变频器来说，从结构上可将其分成整流、逆变和制动三部分。下面我们具体介绍主回路每个组成部分的作用。

1. 整流与滤波电路

如图 1-10 所示，电网侧的变流器为整流电路，它的作用是把工频电源变换成直流电源。整流电路是变频器中用来将交流电变成直流电的部分，它由整流单元、滤波电容、开启电路与吸收回路组成。整流电路按其控制方式可以是直流电压源，也可以是直流电流源。电压型变频器的整流电路属于不可控整流桥直流电压源，当电源线电压为 380V 时，整流器件的最大反向电压一般为 1 000V，最大整流电流为通用变频器额定电流的 2 倍。

(1) 整流单元（VD1～VD6）。

图 1-10 所示的整流单元是由 VD1～VD6 组成的三相整流桥，它们将工频 380V 的交流电变换成直流，平均直流电压可用下式表示：

$$U_D = 1.35U_L = 513(V) \tag{1-4}$$

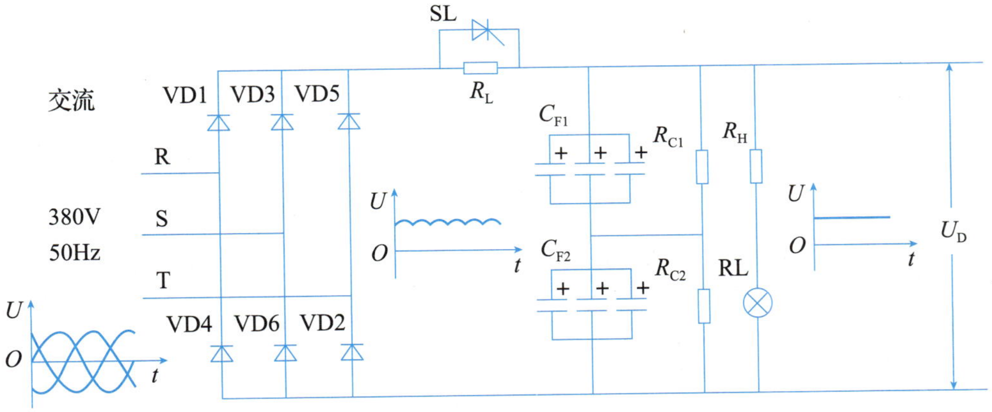

图 1-10 通用变频器整流和滤波电路

(2) 滤波电容（C_F）。

图 1-10 中的滤波电容 C_{F1} 和 C_{F2} 的作用是对整流电压进行滤波。值得指出的是，C_{F1} 和 C_{F2} 是大容量的电容器，是电压型变频器的主要标志。对电流型变频器来说，滤波的元件是电感。R_{C1}、R_{C2} 为均压电阻，阻值完全相等，保证 C_{F1} 和 C_{F2} 的两端电压相等。

(3) 开启电流与吸收回路（RL、SL）。

在电压型变频器的二极管整流电路中，由于在电源接通时，C_{F1} 和 C_{F2} 中将有一个很大的充电电流，该电流有可能烧坏二极管，容量较大时还可能造成对电网的干扰，影响同一电源系统的其他装置正常工作，所以在电路中加装了由 RL、SL 组成的限流回路。刚开机时，RL 串入电路，限制 C_{F1} 和 C_{F2} 的充电电流，充电到一定的程度后 SL 闭合将其切除。

2. 中间电路部分

（1）制动电阻。

变频调速在降速时处于再生制动状态，电动机回馈的能量到达直流电路，会使 U_D 上升，这是很危险的。需要将这部分能量消耗掉，电路中的制动电阻 R_B 就是用于消耗该部分能量的。

（2）制动单元 VB。

制动单元由大功率晶体管 VB（IGBT）及采样、比较和驱动电路构成，其功能是为放电电流 I_B 流过 R_B 提供通路的。

3. 逆变电路

（1）逆变原理。

逆变电路的基本作用是将直流电变成交流电，是变频器的核心部分。

1）单相逆变原理。

单相逆变原理图如图 1-11 所示。当 V1、V4 同时闭合时，电压 U_{ab} 为正；V2、V3 同时闭合时，电压 U_{ab} 为负。

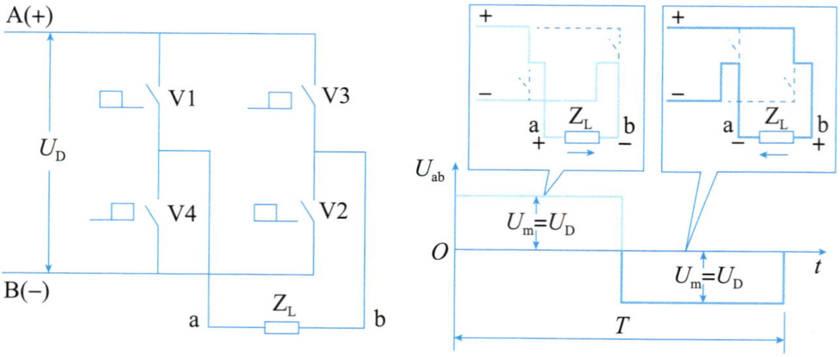

（a）单相逆变接线图　（b）输出电压波形图

图 1-11　单相逆变原理图

由于开关 V1～V4 的轮番通断，从而将直流电压 U_D 逆变成了交流电压 U_{ab}，可以看到在交流电变化的一个周期中，一个臂中的两个开关（如 V1、V2）交替导通，每个开关导通 180°电角度。因此交流电的周期（频率）可以通过改变开关通断的速度来调节，交流电压的幅值为直流电压幅值 U_D。

2）三相逆变原理。

三相逆变电路的原理图如图 1-12 所示。

S_1～S_6 组成了桥式逆变电路，这 6 个开关交替地接通、断开就可以在输出端得到一个相位互相差 $2\pi/3$ 的三相交流电压。

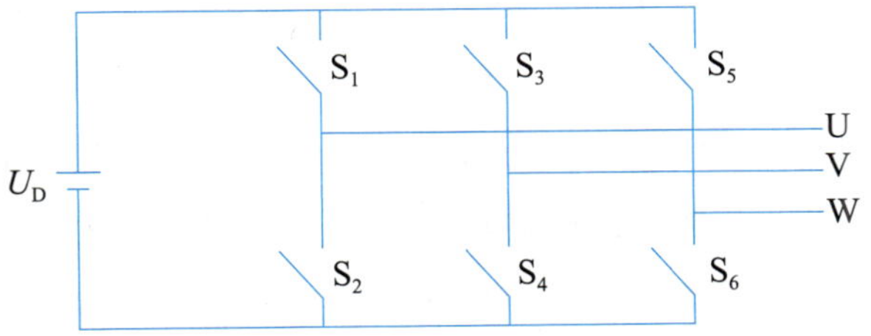

（a）三相逆变接线图

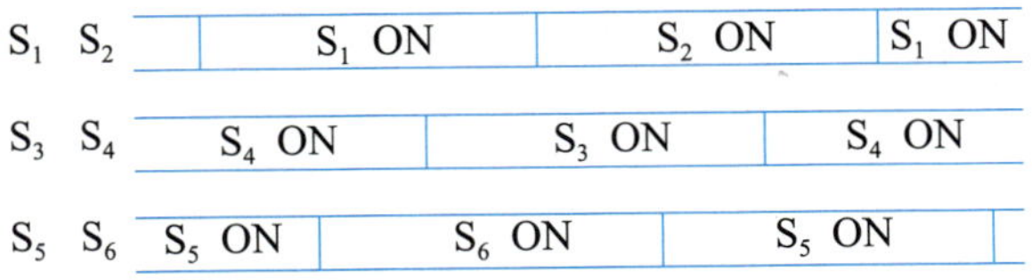

（b）开关导通顺序示意图

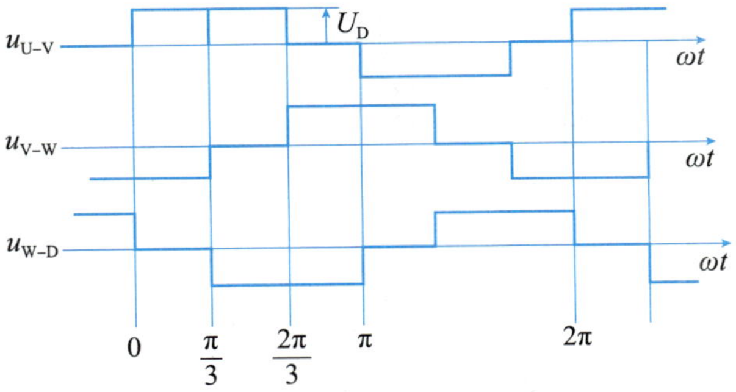

（c）输出电压波形图

图 1-12　三相逆变电路的原理图

当 S_1、S_2 闭合时，u_{U-V} 为正；S_2、S_3 闭合时，u_{U-V} 为负。

用同样的方法可得：S_3、S_6 同时闭合和 S_5、S_4 同时闭合，得到 u_{V-W}，S_5、S_2 同时闭合和 S_1、S_6 同时闭合，得到 u_{W-U}。为了使三相交流电 u_{U-V}、u_{V-W}、u_{W-D} 在相位上依次相差 $2\pi/3$；各开关的接通、断开需符合一定的规律，其规律在图中已标明。根据该规律可得 u_{U-V}、u_{V-W}、u_{W-D} 的波形，如图 1-12（c）所示。

观察 6 个开关的位置及波形［见图 1-12（b）和图 1-12（c）］可以发现以下两点：

①同一桥臂上的开关始终处于交替接通、断开的状态。

②各相的开关顺序以各相的“首端”为准，互差 $2\pi/3$ 电角度，如 S_3 比 S_1 滞后 $2\pi/3$，S_5 比 S_3 滞后 $2\pi/3$。

这说明，通过 6 个开关的交替工作可以得到一个三相交流电，只要调节开关的通断速度就可调节交流电频率。当然，交流电的幅值可通过 U_D 的大小来调节。

（2）逆变电路组成（见图 1－13）。

1）逆变桥。

通用变频器逆变电路如图 1－13 所示。V1～V6 组成了三相逆变桥，V 导通时相当于开关接通，V 截止时相当于开关断开。现在常用的逆变管有绝缘栅双极型晶体管（IGBT）、电力晶体管（GTR）、门极可关断晶闸管（GTO）、功率场效应晶体管（MOSFET）等。

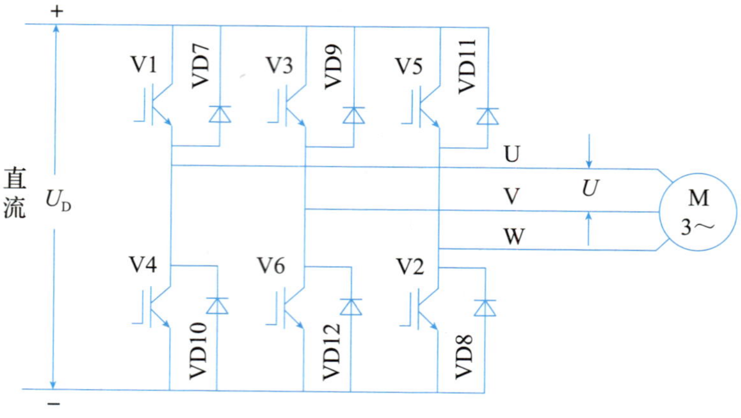

图 1－13 通用变频器逆变电路

2）续流二极管（VD7～VD12）。

续流二极管 VD7～VD12 的功能主要有以下几点：

①由于电动机是一种感性负载，工作时其无功电流返回直流电源需要 VD7～VD12 提供通路。

②降速时电动机处于再生制动状态，VD7～VD12 为再生电流提供返回直流的通路。

③逆变时 V1～V6 快速高频率地交替切换，同一桥臂的两管交替地工作在导通和截止状态，在切换的过程中，也需要给线路的分布电感提供释放能量的通路。

4. 缓冲电路

通用变频器缓冲电路如图 1－14 所示。缓冲电路的主要作用是减小 IGBT 从饱和转为截止时，C-G（集电极-栅极）之间的电压变化率。当 VT1 从饱和状态转为截止状态时，C-E（集电极-发射极）间的电压将从接近于 0 迅速上升为直流电压（约为 513V），过高的电压变化将使 IGBT 损坏。

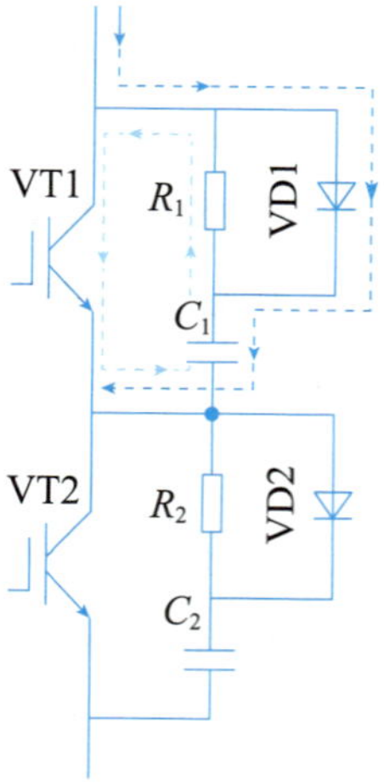

图 1－14 通用变频器缓冲电路

电容 C_1 的作用是当 VT1 从饱和转为截止时，C-E（集电极-发射极）间电压 U_{CE} 的上升速率减缓。电阻 R_1 的作用是当 VT1 从截止转为饱和导通时，C_1 放电，R_1 可以减小放电电流。二极管 VD1 的作用是克服 R_1 影响 C_1 减缓电压变化率的作用。

1.2.4 变频器中的半导体开关器件

长期以来，异步电动机在调速方面一直处于性能不佳的状态。异步电动机诞生于 19 世纪 80 年代，虽然改变定子侧的电流频率就可以调节转速，而变频调速技术发展到迅速普及的实用阶段，却是在 20 世纪 80 年代，整整经历了一个世纪。是什么原因使变频调速技术从愿望到实现经历了长达百年之久呢？

首先，从目前迅速普及的交-直-交变频器的基本结构（见图 1-15）来看，由交流变直流的整流技术很早就存在了。

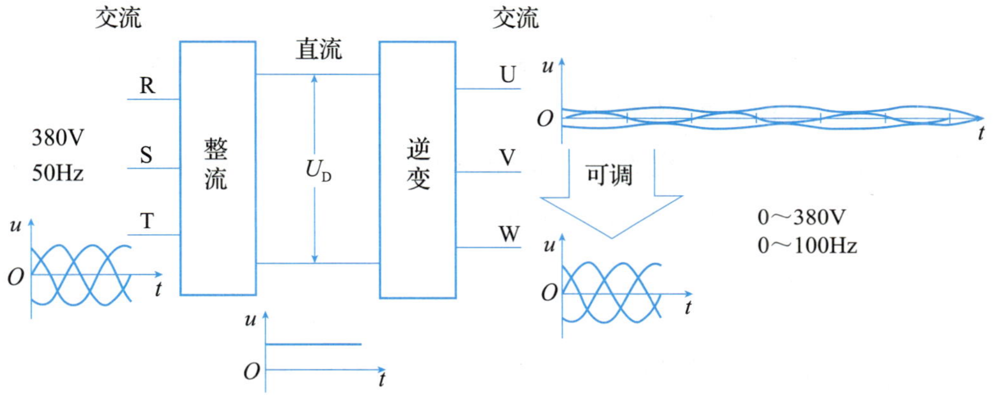

图 1-15 交-直-交变频器的基本结构

由直流变交流的逆变过程，实际是不同组合的开关交替地接通和断开的过程，它必须依赖于满足一定条件的开关器件。需要满足的条件如下：

- 能承受足够大的电压和电流；
- 允许长时间频繁地接通和断开；
- 接通和断开的控制必须十分方便。

直至 20 世纪 70 年代，电力晶体管（GTR）的开发成功，才较大程度地满足了上述条件，为变频调速技术的开发、发展和普及奠定了基础。

1. 常用的半导体开关

（1）功率二极管（D）。

1）功率二极管的定义。

功率二极管的内部是 P-N 或 P-I-N 结构，结构与工作原理简单，工作可靠，其工作电流大于等于 2A，用于整流，于 20 世纪 50 年代得到广泛使用。图 1-16 所示为功率二极管的电路符号和外形。

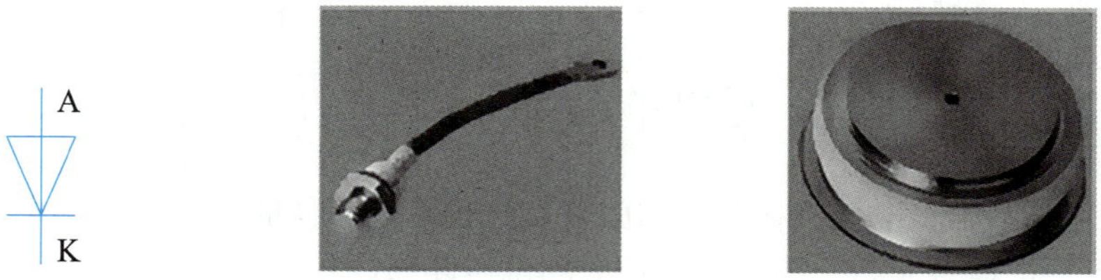

（a）功率二极管的电路符号　（b）螺旋式二极管的外形　（c）平板式二极管的外形

图 1－16　功率二极管的电路符号和外形

2）功率二极管的主要参数。

①额定正向平均电流 I_F：在规定的环境温度和标准散热条件下，元件所允许长时间连续流过 50Hz 正弦半波的电流平均值。

②反向重复峰值电压 U_{RRM}：在额定结温条件下，将元件反向伏安特性不重复峰值电压值 U_{RSM} 的 80%称为反向重复峰值电压 U_{RRM}。

③正向平均电压 U_F：在规定的环境温度和标准散热条件下，元件通过 50Hz 正弦半波额定正向平均电流时，元件阳极和阴极之间的电压平均值。

（2）晶闸管（SCR）。

1）晶闸管的定义。

晶闸管是晶体闸流管的简称，又称可控硅整流器，以前被简称为可控硅，用 V、VT 表示（旧标准中用 SCR 表示）。1957 年，美国通用电气公司开发出世界上第一个晶闸管产品。晶闸管是四层（$P_1N_1P_2N_2$）三端（A、K、G）器件，其内部结构和等效电路如图 1－17 所示。晶闸管的电路符号及外形如图 1－18 所示。晶闸管的工作条件是加正向电压且门极有触发电流。

晶闸管具有硅整流器件的特性，能在高电压、大电流条件下工作，且其工作过程可以控制，被广泛应用于可控整流、交流调压、无触点电子开关、逆变及变频等电子电路中。

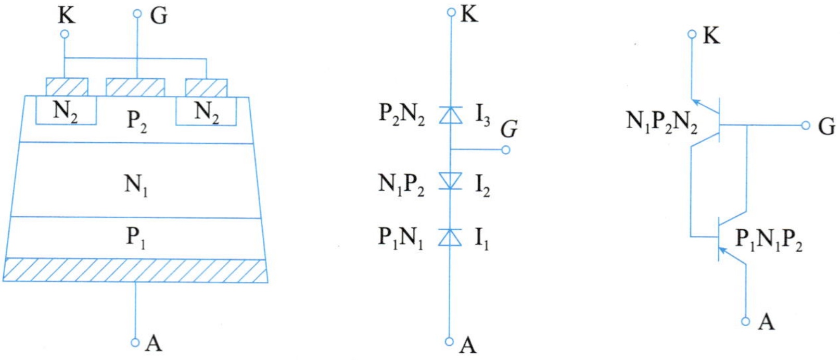

（a）芯片内部结构　（b）以三个PN结等效　（c）以互补三极管等效

图 1－17　晶闸管的内部结构和等效电路

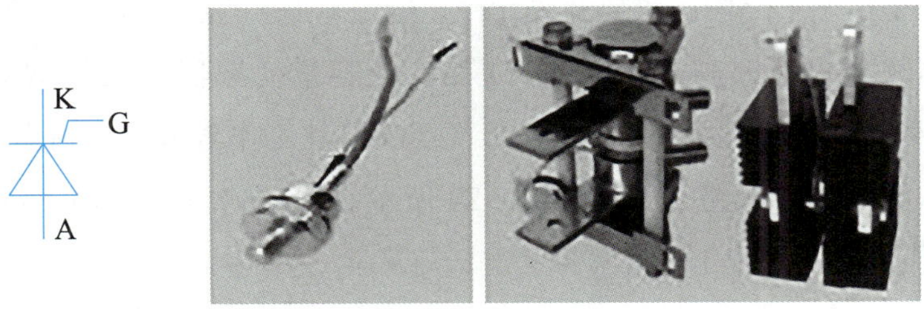

（a）晶闸管的符号　（b）螺栓式外形　（c）带有散热器平板式外形

图 1-18　晶闸管的电路符号及外形

2）晶闸管的导通和断开控制。

①晶闸管的导通控制。在晶闸管的阳极和阴极间加正向电压，同时在它的门极和阴极间也加正向电压形成触发电流，即可使晶闸管导通。

②导通的晶闸管的断开控制。令门极电流为零，且将阳极电流降低到一个维持电流的临界极限值以下或阳极加反向电压。

3）晶闸管用于变频器逆变电路。

晶闸管变频器逆变电路如图 1-19（a）所示。在变频器的逆变电路中，用于相互断开的电容器要求电压较高、容量也较大，故价格昂贵。在不同的负载电流下，晶闸管的断开条件不一致，影响了工作的可靠性，输出电压波形不理想，如图 1-19（b）所示。此外，输出电流具有很大的谐波成分，如图 1-19（c）所示。所以，尽管晶闸管使变频调速变成了可能，实现了近百年来人们对于变频调速的企盼，但并未达到普及推广的阶段。

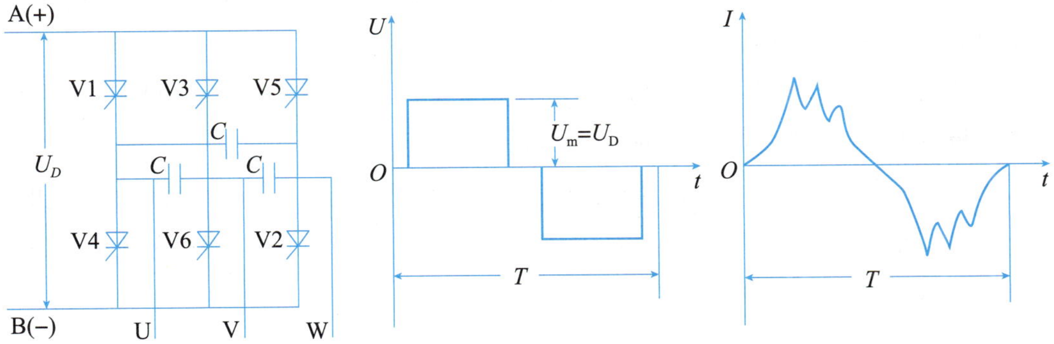

（a）逆变电路　（b）电压波形　（c）电流波形

图 1-19　晶闸管变频器逆变电路及输出电压、电流波形

（3）门极可关断晶闸管（GTO）。

1）门极可关断晶闸管（GTO）的定义。

门极可关断晶闸管是在普通晶闸管 SCR 的基础上发展而来的，是一种具有自断能力的晶闸管。从结构上来看，它有三个极：阳极（A）、阴极（K）、门极（G）。GTO 是一种无

触点开关，它是逆变电路中的主要开关元件，但是GTO的断开需极大的反向脉冲，控制容易失败，工作频率也不够高，所以GTO在中小容量变频器中已经被新型的电力晶体管（GTR）所取代。但是在大容量变频器中，GTO以其工作电流大、耐压高的特性，仍得到了普遍应用。其结构与电路符号如图1-20所示。GTO为多元集成结构，数百个以上的GTO元件制作在同一硅片上。

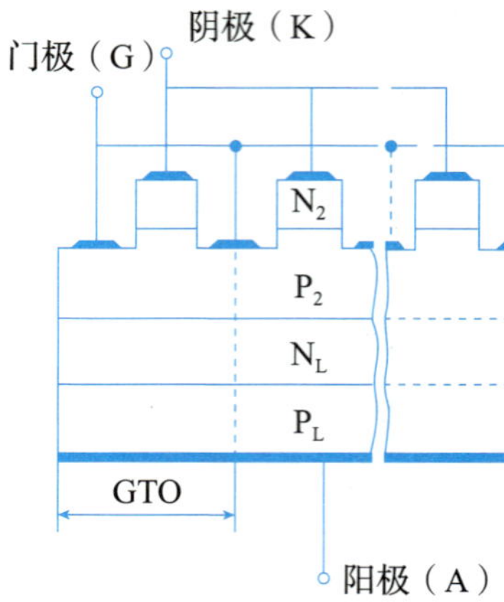

（a）GTO的结构剖面

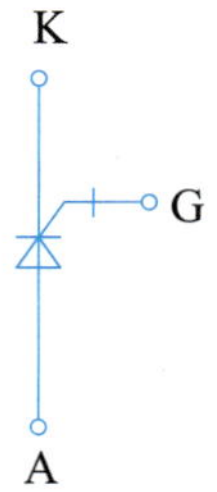

（b）电路符号

图1-20　GTO的结构与电路符号

2）门极可关断晶闸管（GTO）的工作特点。

门极可关断晶闸管的工作特点是通过门极信号进行断开的晶闸管。

①导通条件：GTO的导通条件与普通晶闸管一样，即U_{AK}正偏，U_{GK}加正向触发脉冲，只是导通时饱和程度较浅。

②断开条件：在门极和阴极之间加一反向电压，G（—）、K（+），GTO断开。

③门极可关断晶闸管（GTO）的主要参数：

- 最大可关断阳极电流I_{ATO}：通常将最大可关断阳极电流I_{ATO}作为GTO的额定电流。
- 关断增益β_{OFF}：关断增益β_{OFF}为最大可关断阳极电流I_{ATO}与门极负电流最大值I_{GM}之比，其表达式为

$$\beta_{OFF}=\frac{I_{ATO}}{|I_{GM}|} \tag{1-5}$$

β_{OFF}比晶体管的电流放大系数β小得多，一般只有5左右。

（4）电力晶体管（GTR）。

1）电力晶体管（GTR）的定义。

电力晶体管（GTR）属于电流控制型器件，是一种耐高压、大电流、有自关断能力的晶体管，GTR也像普通的晶体管一样，有三个极，分别是基极（B）、发射极（E）、集电极

(C)，又叫双极型功率晶体管（BJT)，其结构示意图、模块外形及电路符号如图 1－21 所示。GTR 在结构上常采用达林顿结构形式，由多个晶体管复合组成大功率的晶体管，同时还可将反相续流二极管、加速二极管与 GTR 组成电力晶体管模块，如图 1－22 所示。图中，VD1 为加速二极管，VD2 为反向续流二极管。

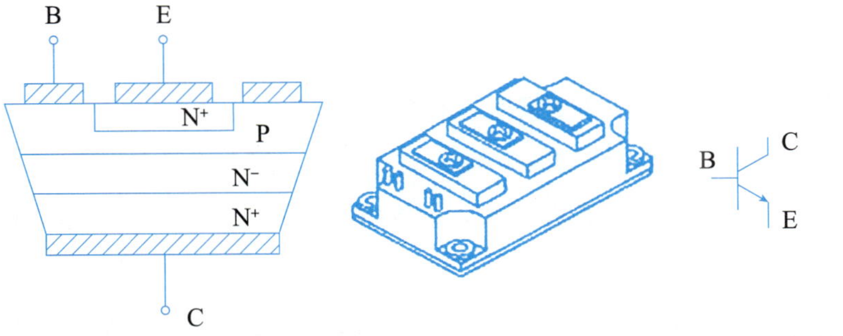

(a) 结构示意图　(b) 模块外形　(c) 电路符号

图 1－21　GTR 的结构示意图、模块外形及电路符号

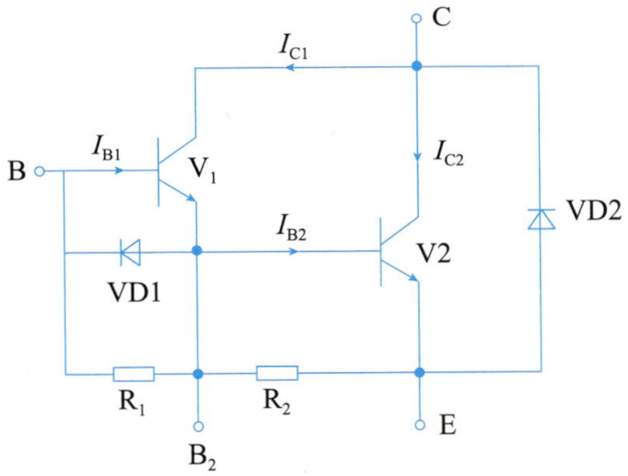

图 1－22　反向续流二极管、加速二极管与 GTR 组成电力晶体管模块

2）电力晶体管（GTR）的工作特征。

像普通的晶体管一样，GTR 也有三种工作状态，即放大、饱和、截止。在电力电子应用领域中，GTR 主要工作在开关状态，即饱和、截止状态。

由于 GTR 用在大功率电路中，因此晶体管的功耗是一个不容忽视的问题。GTR 在截止和饱和状态时的功耗很小，但是在放大状态功耗将增大百倍，因此，逆变电路中的 GTR 在交替切换的过程中不允许在放大区稍做停留。GTR 具有自关断能力及开关时间短、饱和压降低、安全工作区宽等特点，广泛用于交流调速、变频电源中。在中小容量变频器中，曾一度占据了主导地位。GTR 所需的驱动功率较大，基极驱动系统较复杂，使得工作频率难以提高，这是 GTR 存在的不足之处。

3）电力晶体管（GTR）的主要参数。

①U_{CE}：基极开路 CE 间能承受的电压。

②最大电流额定值 I_{CM}：集电极最大电流。

③最大功耗额定值 P_{CM}：最高工作温度下允许的耗散功率。

④导通时间 t_{on}：包括延迟时间 t_d 和上升时间 t_r。

⑤关断时间 t_{off}：包括存储时间 t_s 和下降时间 t_f。

4）电力晶体管（GTR）用在变频器的逆变电路。

GTR 用在变频器的逆变电路如图 1－23（a）所示。其主要特点如下：

①输出电压：可以采用脉宽调制方式，故输出电压的幅值等于直流电压的强脉冲序列，如图 1－23（b）所示。

②载波频率：由于 GTR 的接通和断开时间较长，故允许的载波频率较低。

③电流波形：因为载波频率较低，所以电流的高次谐波成分较大，如图 1－32（c）所示。这些高次谐波电流将在硅钢片中形成涡流，使硅钢片相互之间因产生电磁力而振动，并产生噪声。又因为载波频率处于人耳对声音较为敏感的区域，故电动机的电磁噪声较强。

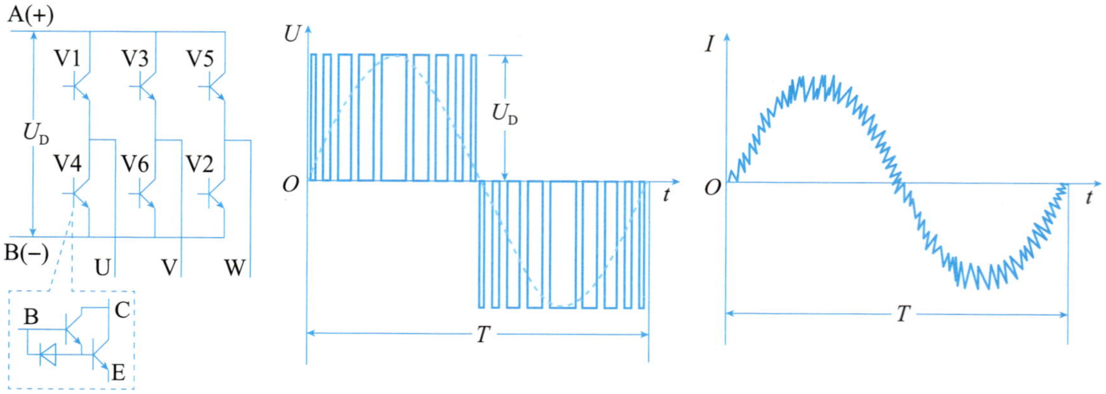

（a）逆变电路　　（b）电压波形　　（c）电流波形

图 1－23　GTR 用在变频的逆变电路及输出电压、电流波形

（5）功率场效应晶体管（MOSFET）。

功率场效应晶体管也叫电力场效应晶体管，是一种单极型的电压控制器件，不但有自关断能力，而且有驱动功率小、开关速度高、无二次击穿、安全工作区宽等特点。其易于驱动和开关频率可高达 500kHz，特别适用于高频电力电子装置中。

功率场效应晶体管有三个极，分别是漏极（D）、源极（S）和栅极（G）。功率场效应晶体管采用多单元集成结构，一个器件由成千上万个小的 MOSFET 组成。应用较多的 N 沟道增强型双扩散电力场效应晶体管一个单元的剖面图如图 1－24（a）所示，电路符号如图 1－24（b）所示。

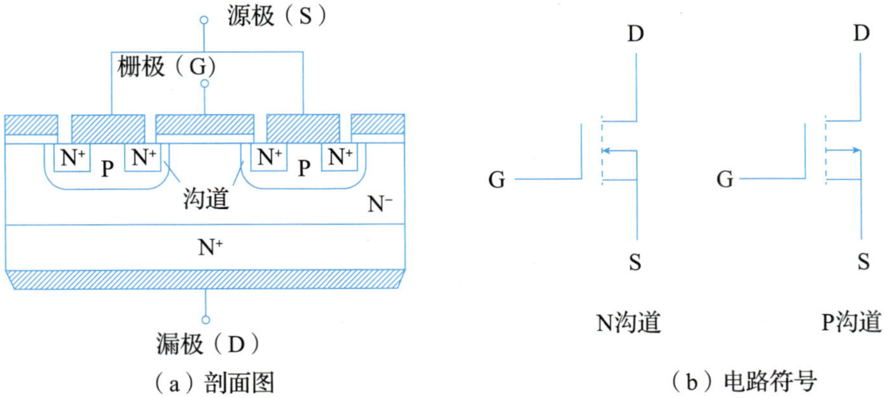

图 1-24　N 沟道增强型双扩散电力场效应晶体管一个单元的剖面图和电路符号

1）导通条件。

如果在栅极和源极之间加一正向电压 U_{GS}，并且使 U_{GS} 大于或等于晶体管的开启电压 U_T，则晶体管导通，在漏、源极间流过电流 I_D。U_{GS} 超过 U_T 越大，导电能力越强，漏极电流越大。

2）断开条件。

当漏极接电源正极，源极接电源负极时，栅极和源极之间电压为 0，沟道不导电，晶体管处于截止状态。

MOSFET 使用方便，开关频率比较高。其缺点是击穿电压及工作电流都不是特别大，导通压降大，一般只适用于小功率电力电子装置，所以应用不是特别广泛。

（6）绝缘栅双极型晶体管（IGBT）。

IGBT 是一种结合了电力晶体管 GTR 和功率场效应晶体管 MOSFET 两者特点的复合型器件，是通过在 MOSFET 的漏极上追加 P^+ 层而构成的，性能上也是集成了 MOSFET 和双极型功率晶体管的优点。IGBT 是一个非通即断的开关，导通时可以看作导线，断开时可看作开路。它有三个极：集电极（C）、发射极（E）、栅极（G）。IGBT 的结构图、简化等效电路及电路符号如图 1-25 所示。R_N 为晶体管基区内的调制电阻。它是一种由栅极电压 U_{GE} 控制集电极电流 I_C 的全控型电压驱动器件，输入阻抗很高，$I_G \approx 0$。IGBT 既有 MOSFET 器件的工作速度快、驱动功率小的特点，又具备了电力晶体管的电流大、导通压降低的优点。但因其反向耐压低，使用时必须反接二极管。

1）导通条件。

栅极和发射极电压 U_{GE} 大于开启电压 $U_{GE(th)}$ 时，MOSFET 内形成沟道，为 PNP 晶体管提供基极电流，IGBT 导通，导通 U_{GE} 为 12～20V。

导通压降：电导调制效应使电阻 R_N 减小，通态压降低。

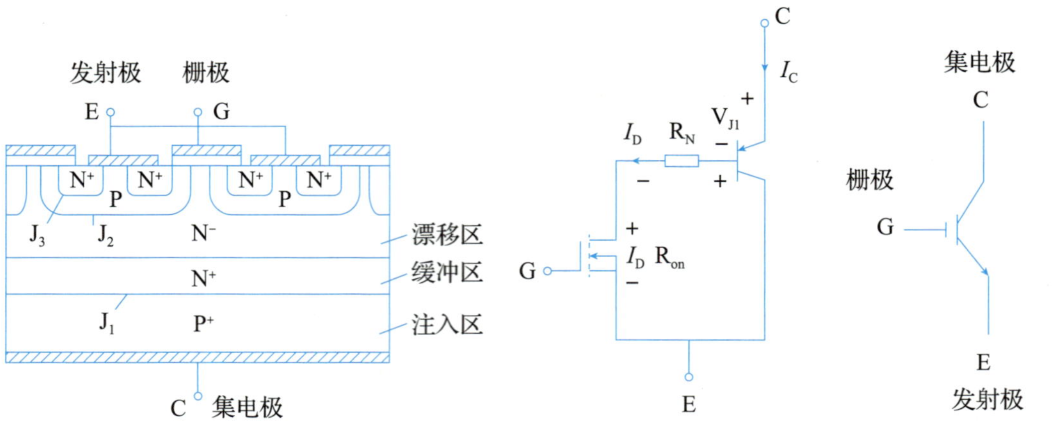

图 1-25　IGBT 的结构图、简化等效电路及电路符号

2）断开条件。

栅极和发射极间施加反压或不加信号时，MOSFET 内形成的沟道消失，晶体管的基极电流被切断，IGBT 关闭，关闭 U_{GE} 为−5～−15V。

3）绝缘栅双极型晶体管（IGBT）的主要参数。

①集电极-发射极额定电压 U_{CES}：在门极-发射极之间处于短路状态时，集电极-发射极间能够外加的最大电压。

②栅极-发射极额定电压 U_{GES}：在集电极-发射极间处于短路状态时，门极-发射极间能够外加的最大电压（通常为±20V）。

③额定集电极电流 I_C：集电极的电极上允许的最大直流电流。

④集电极-发射极饱和电压 $U_{EC(sat)}$：在指定的 U_{GE} 下，额定集电极电流流过时的 U_{GE} 值（通常，U_{GE}＝15V）。

4）绝缘栅双极型晶体管（IGBT）变频器逆变电路。

以 IGBT 为逆变器件的逆变电路与 GTR 的逆变电路基本相同，如图 1-26（a）所示。其主要特点如下：

①载波频率高。大多数变频器的载波频率可在 3～15kHz 的范围内任意可调，其电压波形如图 1-26（b）所示。

②电流波形大为改善，十分接近正弦波，如图 1-26（c）所示。

③控制功耗减小。IGBT 的驱动电路采用的电流极小，几乎不消耗功率。

④瞬间停电可以不停机，这是因为 IGBT 的栅极电流极小，停电后，栅极控制电压衰减较慢，IGBT 不会立即进入放大状态，故在瞬间停电或变频器因为误动作而跳闸后，允许自动重合闸，可以不必跳闸，增强了常见故障的自处理能力。可以说，IGBT 为变频调速的

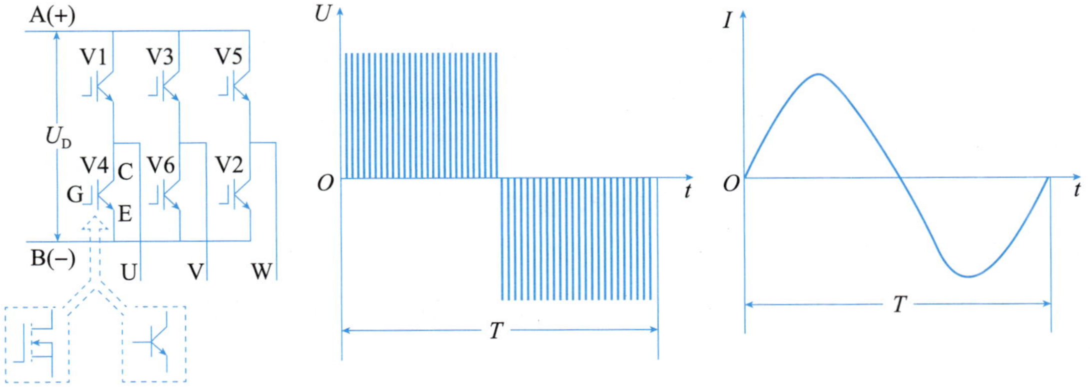

（a）逆变电路　　（b）电压波形　　（c）电流波形

图 1－26　IGBT 变频器逆变电路及输出电压、电流波形

迅速普及和进一步提高奠定了基础。

由于 IGBT 具备高压、大电流、高速三大特点，已全面取代了电力晶体管而成为中小容量电力变流装置中的主要器件，并广泛用于交流变频调速、开关电源及其他设备中。同时，IGBT 的单管容量也不断提高，并开始进入中大容量的电力变流装置中。目前单管 IGBT 的各项指标参数都提高很快，用 IGBT 作为逆变器的变频器容量也有了大幅提高。

2. 电力半导体开关器件的分类

（1）按照电力电子器件能够被控制电路信号所控制的程度分类。

1）不控型器件。这种器件通常为两端器件，一般只有整流的作用而无可控的功能，如功率二极管（D）。

2）半控型器件。这种器件通常为三端器件，只能控制其导通而不能控制其断开，如普通晶闸管（SCR）。

3）全控型器件。这种器件通常为三端器件，通过控制信号既可以控制其导通，又可以控制其断开，如 GTO、GTR、MOSFET、IGBT 等。

（2）按照驱动电路加在电力电子器件控制端和公共端之间信号的性质分类。

1）电流控制型。

这种器件一般通过控制极的电流变化来控制器件的导通或断开，有时也称为电流驱动型。应用比较广泛的电流控制器件有两大类：一是晶体管类，如 GTR、达林顿晶体管等，这类器件适用于 500kW 以下，380V 交流供电的领域；二是晶闸管类，如 SCR、GTO 等，这类器件适用于电压更高、电流更大的应用领域。

电流控制型器件的共同特点如下：

①器件内有两种载流子导电，当管子由导通转向截止时，两种载流子在复合过程中产生热量，使器件结温升高，过高的结温限制了工作频率的提高。因此，电流控制器件比电压控制型器件的工作频率要低。

②电流控制型器件具有电导调制效应，使其导通压降很低，导通损耗较小，这是电流控制型器件的一大优势。

③此类器件的控制极输入阻抗较低，因此驱动电流和控制功率较大，其电路也比较复杂。

2）电压控制型。

这种器件的导通和断开是由电压信号进行控制的，如 MOSFET、IGBT 等。从广义上讲，一切用场控原理进行控制的电力电子器件均属于电压控制型，因此电压控制型器件也称为场效应电力电子器件或场控电力电子器件。

（3）根据驱动电路加在电力电子器件控制端和公共端之间的有效信号波形分类。

1）脉冲触发型，如晶闸管、GTO。

2）电子控制型，如 GTR、MOSFET、IGBT。

（4）按照电力电子器件内部电子和空穴两种载流子参与导电的情况分类。

1）单极型。凡是只有一种载流子参与导电的称为单极型器件，大部分场控器件属于单极型，如 MOSFET。

2）双极型。凡是由电子和空穴两种载流子参与导电的称为双极型器件，如电力二极管 D、晶闸管 SCR、GTO、GTR。

3）混合型。由单极型和双极型两种器件组成的复合型器件称为混合型器件，如 IGBT。

3. 常用半导体开关的优缺点

（1）功率二极管（D）。

结构和原理简单，工作可靠。

（2）晶闸管（SCR）。

在所有器件中承受电压和电流容量最高。

（3）门极可关断晶闸管（GTO）。

优点：电压、电流容量大，适用于大功率场合，具有电导调制效应，其通流能力很强；缺点：电流关断增益很小，关断时门极负脉冲电流大，开关速度低，驱动功率大，驱动电路复杂，开关频率低。

（4）电力晶体管（GTR）。

优点：耐压高，电流大，开关特性好，通流能力强，饱和压降低；缺点：开关速度慢，为电流驱动，所需驱动功率大，驱动电路复杂，存在二次击穿问题。

（5）功率场效应晶体管（MOSFET）。

优点：开关速度快，输入阻抗高，热稳定性好，所需驱动功率小且驱动电路简单，工作频率高，不存在二次击穿问题；缺点：电流容量小，耐压低，一般只适用于功率不超过10kW 的电力电子装置。

（6）绝缘栅双极型晶体管（IGBT）。

优点：开关速度快，开关损耗小，具有耐脉冲电流冲击的能力，通态压降较低，输入阻抗高，为电压驱动，驱动功率小；缺点：开关速度低于电力 MOSFET，电压、电流容量不及 GTO。

任务 1.3 变频器控制方式的学习

1.3.1 变频原理概述

通常意义上讲的低压变频器，其输出电压一般为 220～650V、输出功率为 0.2～400kW、工作频率为 0～800Hz，变频器的主电路采用交-直-交电路。根据不同的变频控制理论，其控制方式主要有以下四种：

1. U/f 控制方式

U/f 控制是为了得到理想的转矩-速度特性，基于在改变电源频率进行调速的同时，又要保证电动机的磁通不变的思想而提出的，通用型变频器基本上都采用这种控制方式。U/f 控制变频器结构非常简单，但是这种变频器采用开环控制方式，不能达到较高的控制性能，而且，在低频时必须进行转矩补偿，以改变低频转矩特性。

控制特点：通过压频变换器使变频器的输出电压与输出频率成比例地改变，即 U/f=常数。

性能特点：性价比高，输出转矩恒定即恒磁通控制，但速度控制的精度不高。适用于以节能为目的和对速度精度要求较低的场合。低频稳定性较差，在低速运行时，会造成转矩不足，需要进行转矩补偿。

该变频器为开环控制，安装调试方便。

2. 矢量控制方式

矢量控制是通过矢量坐标电路控制电动机定子电流的大小和相位，以达到对电动机在 d、q、O 坐标系中的励磁电流和转矩电流分别进行控制，进而达到控制电动机转矩的目的。通过控制各矢量的作用顺序和时间以及零矢量的作用时间，又可以形成各种 PWM 波，达到各种不同的控制目的。例如，形成开关次数最少的 PWM 波以减少开关损耗。目前在变频器中实际应用的矢量控制方式主要有基于转差频率控制的矢量控制方式和无速度传感器的矢量控制方式两种。

矢量控制的特点为：

（1）对电动机的转速（转矩）进行控制，不能对电动机的间接控制量进行控制。

（2）使用前要进行自扫描，将电动机的参数扫入变频器。

（3）一台变频器只能控制一台电动机。

（4）矢量控制既能控制电动机的电流幅值，又能控制电流的相位（矢量控制名称的由来）。

性能特点：可从零转速进行控制，调速范围宽；可对转矩进行精确控制，系统响应速度快，速度控制精度高。

3. 转差频率控制方式

转差频率控制是一种直接控制转矩的控制方式。它是在 U/f 控制的基础上，按照异步电动机的实际转速对应的电源频率，根据希望得到的转矩来调节变频器的输出频率，使电动机具有对应的输出转矩。这种控制方式，在控制系统中需要安装速度传感器，有时还加有电流反馈，对频率和电流进行控制。因此，这是一种闭环控制方式，可以使变频器具有良好的稳定性，并对急速的加减速和负载变动有良好的响应特性。

转差频率控制和 U/f 控制功能上的区别：U/f 控制变频器内部不用设置 PID 控制功能，不用设置反馈端子；转差频率控制在变频器内部要设置比较电路和 PID 控制电路。如果用 U/f 控制变频器实现闭环控制，要在变频器之外配置 PID 控制板。

4. 直接转矩控制方式

直接转矩控制技术把转矩检测值与转矩给定值进行比较，使转矩波动限制在一定的转差范围内，转差的大小由频率调节器来控制，并产生 PWM 脉宽调制信号，直接对逆变器的开关状态进行控制。

性能特点：可零转速进行控制，调速范围宽；可对转矩进行精确控制；系统响应速度快，速度控制精度高。

矢量控制适用于有较高的转矩特性，OHZ 仍保持输出转矩的场合，如造纸、轧钢、机床、起重等。转矩控制可对转矩进行精确控制，适用于造纸、印染机械等转矩控制场合。

1.3.2 变频器 U/f 控制方式的工作原理

1. 变频也需变压

改变逆变管的通断速度就可改变变频器输出交流电的频率，其中，输出交流电的幅值等于整流后的直流电压。经过研究还发现，电动机调速时仅仅改变变频器的输出频率，并不能正常调速，还必须同步改变变频器的交流输出电压。

2. 磁通要保持不变

在进行电动机调速时，常常需要考虑的一个重要因素是，保证电动机每极磁通为 Φ_M（额定磁通）不变，如果磁通变弱，则没有充分利用电动机的铁芯，是一种浪费。由图 1－27（a）可知，当铁芯未达到饱和时，随着励磁电流增大，磁通增加，但如果磁通过分增大，会造成铁芯饱和；由图 1－27（b）可知，当铁芯饱和时，励磁电流会剧增，而磁通基本保持不变，原因是当铁芯饱和后线圈的感抗会迅速减小，而电感的感抗是导体的内部通过交流电流时，在导体的内部及其周围产生交变磁通，感抗的大小取决于磁通量与励磁电流的比值，会导致励磁电流猛增。产生较大的励磁电流，严重时会因为电动机绕组过热而烧坏电动机。可见，变频调速时，单纯调节频率的办法是行不通的。

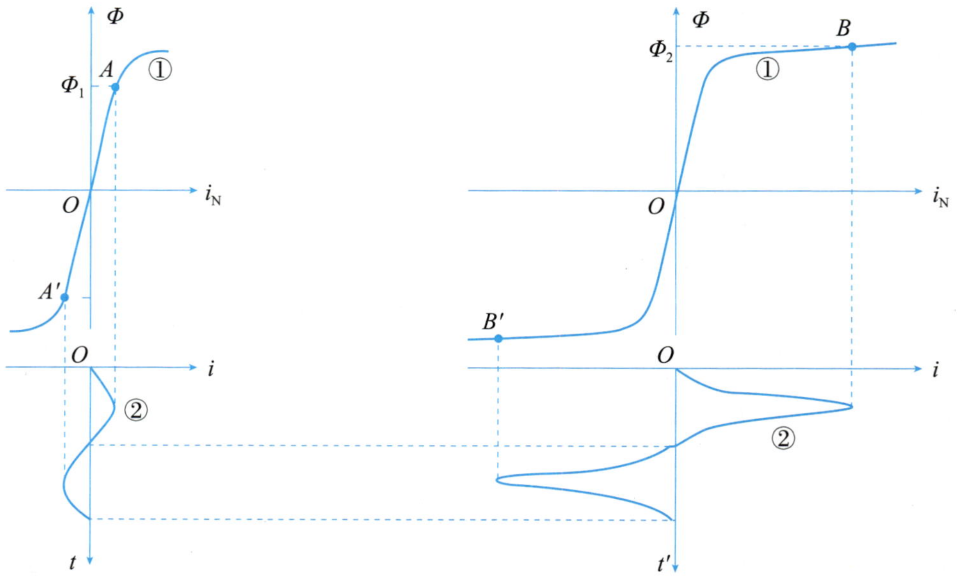

（a）铁芯未饱和时，励磁电流与磁通的关系　（b）当铁芯饱和时，励磁电流与磁通的关系

图 1－27　励磁电流与磁通的关系曲线图

3. 保持磁通不变的方法

定子绕组的反电动势 E_1 的表达式为

$$E_1=4.44f_1k_{N1}N_1\Phi_M \quad (1-6)$$

由于 $4.44k_{N1}N_1$ 为常数，所以定子绕组的反电动势 E_1 可用下式表示：

$$E_1=\alpha f_1\Phi_M \quad (1-7)$$

在额定频率（即 $f_1=f_N$）时，可得到：

$$U_1\approx E_1=\alpha f_1\Phi_M \quad (1-8)$$

当在额定频率以下调频时，为了保证 Φ_M 不变，根据 $E_1=\alpha f_1\Phi_M$ 得到：

$$E_1/f_1=常数 \quad (1-9)$$

也就是说在频率 f_1 下调时也同步下调反电动势 E_1，但是由于 E_1 是定子绕组的反电动势，无法直接进行检测和控制，根据式（1－8）可写成：

$$U_1/f_1=常数 \quad (1-10)$$

通过以上分析可知：在额定频率以下调频时，调频的同时也要调压。

4. 变频器变频变压的实现方法

要使变频器在频率变化的同时，电压也同步变化，并且维持 U_1/f_1 = 常数，技术上有两种实现方法，即脉幅调制（PAM）和脉宽调制（PWM）。

（1）脉幅调制（PAM）。

PAM 就是在调节频率的同时也调节整流后直流电压的幅值 U，以此来调节变频器输出交流电压的幅值。由于 PAM 既要控制逆变回路，又要控制整流回路，且要维持 U_1/f_1 = 常数，所以这种方法控制电路很复杂，现在已很少使用。

（2）脉宽调制（PWM）。

PWM 是将输出电压分解成很多脉冲，调频时控制脉冲的宽度和脉冲间隔时间就可控制输出电压的幅值，如图 1－28 所示。

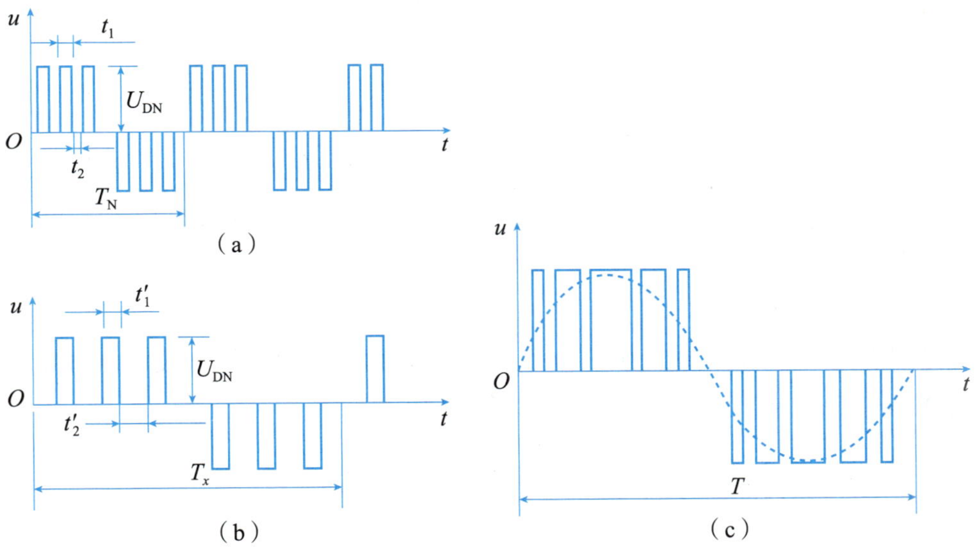

图 1－28　脉宽调制输出电压

从图 1－28 可以看到，脉冲的宽度 t_1 越大，脉冲间隔时间 t_2 越小，输出电压的平均值就越大。为了说明 t_1、t_2 和输出电压平均值之间的关系，引入了占空比的概念。

占空比是指脉冲宽度与一个脉冲周期的比值，用 γ 表示，即

$$\gamma=\frac{t_1}{t_1+t_2} \tag{1-11}$$

因此，可以说输出电压的平均值与占空比成正比，调节电压输出就可以演化为调节脉冲的宽度，所以叫脉宽调制。

由于变频器的输出是正弦交流电，即输出电压的幅值是按正弦波规律变化，因此在一个周期内的占空比也必须是变化的。也就是说，在正弦波的幅值部分，γ 取大一些；在正

弦波到达零处，γ 取小一些。这种脉宽调制的占空比是按正弦规律变化的，因此被称为正弦波脉宽调制，即 SPWM。

SPWM 的脉冲系列中，各脉冲的宽度 t_1 和脉冲间隔时间 t_2 都是变化的。为了说明它们的调制原理，先看 PWM 逆变的简单原理图（见图 1－29）。逆变器输出的交流信号是由 V1～V6 交替切换产生的。其中 V1 导通时，在 A 相负载上得到的电压与 V2 导通时在 A 相负载上得到的电压方向相反，因此，V1、V2 轮流导通就可得到 A 相交流电压的正、负半周。同样，其他管子的轮流导通亦可得到三相交流电的 B 相和 C 相。在变频器中，V1、V2 的导通、截止是由调制波和载波的交点来决定的。根据调制波和载波的不同，有单极性脉宽调制和双极性脉宽调制两种方式。

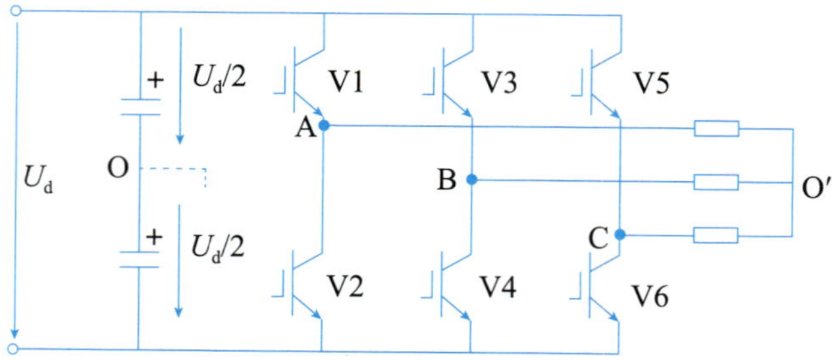

图 1－29　PWM 逆变的简单原理图

1）单极性脉宽调制。

在单极性脉宽调制中，调制波为正弦波 u_{ra}，载波为单极性的等腰三角波 u_t，如图 1－30 所示。V1、V2 的导通、断开条件可表示如下（以 A 相为例）：

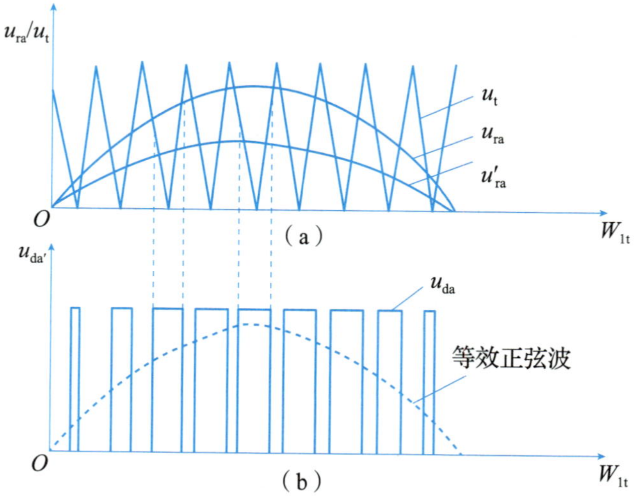

图 1－30　单极性脉宽调制原理

①$u_{ra}>u_t$ 时，逆变管 V1、V2 导通，决定了 SPWM 系列脉冲的宽度 t_1。

②$u_{ra} < u_t$ 时，逆变管 V1、V2 截止，决定了 SPWM 系列脉冲间隔时间 t_2。

图 1－31 所示为单极性脉宽调制逆变原理图。若降低调制波的幅值为 u'_{ra}，各段脉冲的宽度将变窄，从而使输出电压的值也相应减小。

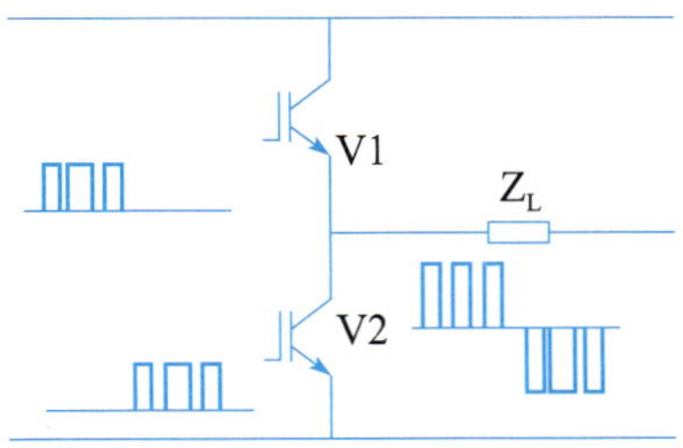

图 1－31　单极性脉宽调制逆变原理图

每半个周期内，逆变桥同一桥臂的两个逆变管，只有一个按规律时通时断地工作，另一个则完全截止。而在另半个周期内，两个管子的工作情况正好相反，流经负载的便是正负交替的交变电流。单极性脉宽调制逆变器输出的交流电压和频率均可由调制波电压 u_r 来控制。改变 u_r 的幅值，则输出电压的大小改变；改变 u_r 的频率，则输出交流电压的频率改变。可见，只要控制调制波 u_r 的频率和幅值，就可以既调频又调幅。由于控制对象只有一个 u_r，所以控制电路相对要简单一些。

2）双极性脉宽调制。

双极性脉宽调制是目前使用最多的方法，其特征是调制波（基准波）信号 u_r 与载波信号 u_t 均为双极性信号（见图 1－32）。在双极性脉宽调制方法中，所使用的基准信号为可变频变幅的三相对称普通正弦波 u_{ra}、u_{rb}、u_{rc}，其载波信号为双极性三角波 u_t。

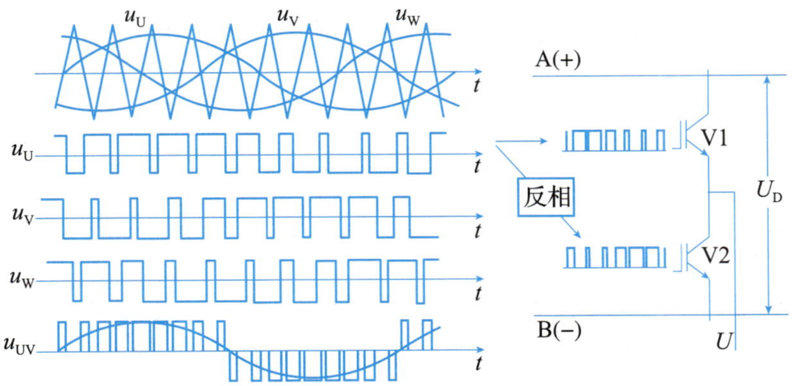

（a）双极性调制原理　　（b）逆变原理图

图 1－32　双极性调制原理及逆变原理图

通过以上分析可知：变频器输出的电压、电流是频率很高的高频输出量，由于输出的 SPWM 调制波的脉冲宽度基本上是正弦分布，因此其谐波成分大为减少。

SPWM 的脉冲序列的产生是由基准正弦波和三角载波信号的交点所决定的，且每一个交点都是逆变器同一桥臂上两只逆变管的开、关交替点，因此将这个交点称为 SPWM 的开关点。必须将所有交点的时间坐标计算出来，才能有序地向逆变器发出通断指令。

调节频率时，基准正弦波的频率和幅值都要改变，基准正弦波与三角载波信号的交点也将发生变化。所以每次调节频率后，开关点的坐标都需要重新计算，计算量大，人工难以完成。只有通过计算机才能在最短的时间内将开关点的坐标计算出来，从而控制各逆变管实时通断来完成变频、变压的任务。

5. 采用 U/f 调速时三相异步电动机的机械特性

在调节电动机或电源的某些参数时会引起异步电动机机械特性的改变，如改变电源电压 U、改变转子回路的电阻等。那么改变电源频率 f 会引起电动机机械特性发生怎样的改变呢？

（1）调频、调压比。

变频时，通常都是相对于其额定频率 f_N 来进行调节的，那么频率 f_x 就可以用下式表示：

$$f_x = k_f f_N \tag{1-12}$$

式中，k_f 表示频率调节比（也叫调频比）。$k_f<1$ 时，调频是在 f_N 以下进行的；$k_f>1$ 时，调频是在 f_N 以上进行的。

根据变频也要变压的原则，在变压时也存在调压比，电压 U_x 可用下式表示：

$$U_x = k_u U_N \tag{1-13}$$

（2）变频后电动机的机械特性。

1）理想空载点（0，n_{0x}）。

$$n_{0x} = \frac{60 k_f f_N}{p} = k_f n_0 \tag{1-14}$$

2）临界转矩点（T_{Kx}，n_{Kx}）。

临界点是确定机械特性的关键点，由于理论推导过于烦琐，下面通过一组实验数据来观察临界点随频率变化的规律，从而得出机械特性的大致轮廓。图 1－33 所示为变频后的电动机机械特性。观察各条机械特性曲线，它们的特征如下：

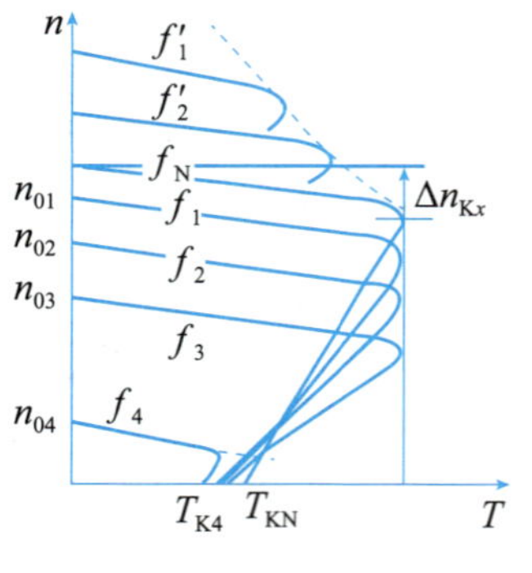

图 1－33　变频后的电动机机械特性

①从 f_N 向下调频时，n_{0x} 下移，T_{Kx} 逐渐减小。

②f_x 在 f_N 附近下调时（$k_f=k_u \to 1$），可近似认为 $T_{Kx} \approx T_{KN}$；f_x 调得很低时（$k_f=$

$k_u \to 0$），T_{Kx} 减小很快。

③f_x 不同时，临界转差 Δn_{Kx} 变化不是很大，所以稳定工作区的机械特性基本是平行的，且机械特性较硬。

（3）恒转矩的调速特性。

恒转矩是指在转速变化的过程中，电动机具有输出恒定转矩的能力。在 $f_x < f_N$ 的范围内变频调速时，经过补偿后，各条机械特性曲线的 T_{Kx} 基本为一定值，因此此区域基本为恒转矩调速区域，适合带恒转矩的负载。

从另一方面来看，经过补偿后的 $f_x < f_N$ 调速时，可基本认为 $E/f=$常数，即 Φ_M 不变，在负载不变的情况下，T 基本为一定值。

（4）恒功率的调速特性。

恒功率是指在转速变化的过程中，电动机具有输出恒定功率的能力。在 $f_x > f_N$ 下，通常 k_f 的取值在 1～1.5，在这个范围内变频调速时，各条机械特性曲线的最大电磁功率 P_{Kx} 可用下式表示：

$$P_{Kx}=\frac{T_{Kx}n_{Kx}}{9\,550}=\text{常数} \tag{1-15}$$

因此 $f_x > f_N$ 时，电动机近似具有恒功率的调速特性，适合带恒功率的负载。

（5）对额定频率 f_N 以下变频调速特性的修正。

在低频时，T_{Kx} 的大幅度减小，严重影响到电动机在低速时的带负载能力。为解决这个问题，必须了解低频时 T_{Kx} 减小的原因。

1）T_{Kx} 减小的原因。

调频时为维持电动机的主磁通 Φ_M 不变，需保证 $E/f=$常数，由于 E 不易检测和控制，用 $U/f=$常数来代替上述等式。这种近似代替是以忽略电动机定子绕组阻抗压降为代价的。但低频时，f_x 降得很低，U_x 也很小，此时再忽略 ΔU 就会引起很大的误差，从而引起 T_{Kx} 大幅下降。

2）解决办法。

针对 $k_f=k_u$ 下降时 E_x 在 U_x 中占的比重减小，从而造成 Φ_M 及 T_{Kx} 下降的情况，可适当提高调压比 k_u，使 $k_u > k_f$，即提高 U_x 的值，使得 E_x 的值增加，从而保证 $E_x/f_x=$常数。这样一来，主磁通 Φ_M 就会基本不变，最终使电动机的临界转矩得到补偿。由于这种方法是通过提高 U/f 使 T_{Kx} 得到补偿，因此这种方法被称为 U/f 控制或电压补偿，也叫转矩提升。经过电压补偿后，电动机机械特性在低频时的 T_{Kx} 得到了大幅提高。

现代的变频器为了使电动机能够得到完美的动、静态机械特性，还采用了一种矢量控制的方法来进行 U/f 控制。

1.3.3 变频器矢量控制方式工作原理

矢量控制是一种高性能的异步电动机控制方式，它是从直流电动机的调速方法得到启发的，利用现代计算机技术解决了大量的计算问题，使矢量控制方式得到了成功的实施。

1. 直流电动机与异步电动机调速上的差异

（1）直流他励电动机的调速特征。

直流他励电动机具有两套绕组，即励磁绕组和电枢绕组，它们的磁场在空间上互差 $\pi/2$ 电角度，两套绕组在电路上是相互独立的。励磁磁通 Φ 与电枢电流 I_a 为相互独立的变量，分别由励磁绕组和电枢绕组控制。

根据直流电动机的电磁转矩表达式

$$T=C_T\Phi I_a \tag{1-16}$$

式中 T——电磁转矩；

C_T——与电动机结构有关的常数；

I_a——电枢电流；

Φ——每极磁通。

当励磁电流 I_f 恒定时，磁通 Φ 的大小基本不变，直流电动机所产生的电磁转矩和电枢电流 I_a 成正比，因此调节 I_a 就可以调速。而当 I_a 一定时，改变 I_f 的大小，也可以调速。这就是说，只需要调节两个磁场中的一个就可以对直流电动机进行调速。这种调速方法使直流电动机具有良好的控制性能。

（2）异步电动机的调速特征。

异步电动机虽然也有两套绕组，即定子绕组和转子绕组，但只有定子绕组和外部电源相接，定子从电源吸取电流，转子通过电磁感应产生感应电流。因此异步电动机的定子电流应包括两个分量，即励磁分量和负载分量。励磁分量用于建立磁场；负载分量用于平衡转子电流磁场。

综上所述，直流电动机与交流电动机的不同主要有下面几点：

1）直流电动机的励磁回路、电枢回路相互独立，而异步电动机将两者都集中于定子回路。

2）直流电动机的主磁场和电枢磁场互差 $\pi/2$ 电角度。

3）直流电动机是通过独立地调节两个磁场中的一个来进行调速的，而异步电动机则做不到，转子感应电流受定子磁通的影响。

（3）对异步电动机调速的思考。

既然直流电动机的调速有那么多的优势，调速后电动机的性能又很优良，那么能否将异步电动机的定子电流分解成产生磁场的励磁电流和产生转矩的负载电流呢？而它们所形成的磁场在空间上也能互差 $\pi/2$ 电角度，分别对励磁电流和负载电流进行控制，并同时控制两分量间的幅值和相位（即控制定子电流矢量，这种控制方式称为矢量控制方式）。如果能实现上述设想异步电动机的调速就可以和直流电动机相比较了。

2. 变频器矢量控制的基本思想

仿照直流电动机的特点，当变频器得到给定信号后，首先由控制电路把给定信号分解为两个互相垂直的磁场信号，励磁分量 Φ_M 和转矩分量 Φ_T，与之对应的控制电流信号分别为 i_M^* 和 i_T^* 调整时，令磁场信号 i_M^* 不变，只调整转矩信号 i_T^*，从而使异步电动机得到和直流电动机十分相似的机械特性。

直流旋转磁场和由三相电流产生的旋转磁场，以转速和磁感应强度都相同为前提，是可以进行等效变换的。所以，直流旋转磁场的控制信号可以等效变换成三相交变磁场的控制信号 i_A^*、i_B^*、i_C^*，用来控制逆变桥中各开关器件的工作，如图 1－34 所示。在运行过程中，当负载发生变化导致转速变化时，可通过转速反馈环节反馈到控制电路，以调整控制信号。

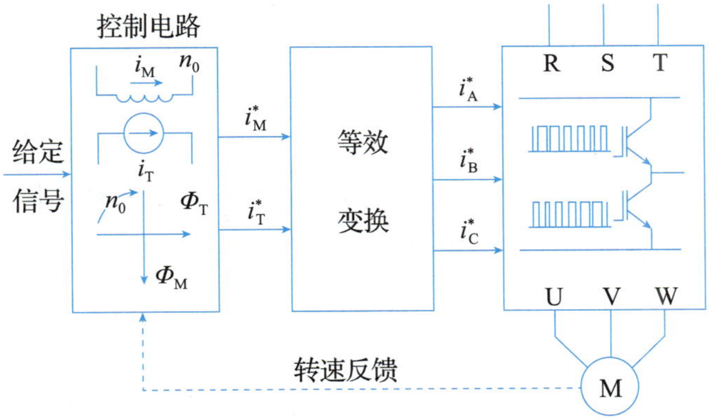

图 1－34　矢量控制框图

1.3.4　变频器的主要参数

1. 变频器的额定值

（1）输入侧的额定值。

输入侧的额定值主要是电压和相数。在我国的中小容量变频器中，输入电压的额定值有以下几种情况（均为线电压）：

1）380V/50Hz，三相，用于绝大多数电器中。

2）220～230V/50Hz 或 60Hz，三相，主要用于某些进口设备中。

3）200～230V/50Hz，单相，主要用于精细加工和家用电器中。

（2）输出侧的额定值。

1）输出电压额定值 U_N。

由于变频器在变频的同时也要变压，所以输出电压的额定值是指输出电压中的最大值。在大多数情况下，它就是输出频率等于电动机额定频率时的输出电压值。通常，输出电压的额定值总是和输入电压相等。

2）输出电流额定值 I_N。

输出电流的额定值是指允许长时间输出的最大电流，是用户在选择变频器时的主要依据。

3）输出容量 S_N（kV·A）。

S_N 与 U_N 和 I_N 的关系为

$$S_N=\sqrt{3}U_N I_N \qquad (1-17)$$

4）配用电动机容量 P_N（kW）。

变频器说明书中规定的配用电动机容量是根据下式估算出来的。

$$P_N=S_N\eta_M\cos\varphi_M \qquad (1-18)$$

式中　η_M——电动机的效率；

$\cos\varphi_M$——电动机的功率因数。

由于电动机容量的标称值是比较统一的，而 η_M 和 $\cos\varphi_M$ 值却很不一致，所以容量相同的电动机配用的变频器容量往往是不相同的。变频器铭牌上的“适用电动机容量”是针对四极电动机而言的，若拖动的电动机是六极或其他，那么相应的变频器容量需要加大。

5）过载能力。

变频器的过载能力是指其输出电流超过额定电流的允许范围和时间。大多数变频器都规定为 $150\%I_N$，60s 或 $180\%I_N$，0.5s。

2. 变频器的频率指标

（1）频率的名词术语。

1）基底频率 f_b。

基底频率是指变频器输出的选择性谐振谐波的频率，它的设定值决定了变频器输出电压的最大频率，用来作为调节频率的基准。在大多数情况下，基底频率等于额定频率，即 $f_b=f_N$。

2）最高频率 f_{max}。

最高频率是当变频器的频率给定信号为最大值时，变频器的给定频率。这是变频器的最高工作频率的设定值。

3）上限频率 f_H 和下限频率 f_L。

根据拖动系统的工作需要，变频器可设定上限频率和下限频率，如图 1-35 所示。与 f_H 和 f_L 对应的给定信号分别是 X_H 和 X_L，则上限频率的定义是：当 $X \geqslant X_H$ 时，$f_x = f_H$；下限频率的定义是：当 $X \leqslant X_L$ 时，$f_x = f_L$。

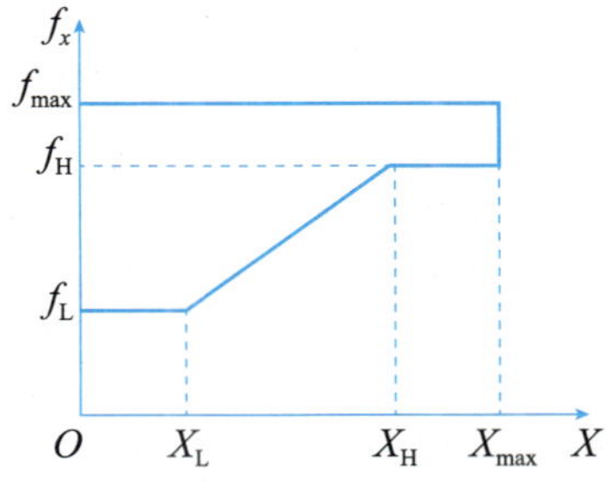

图 1-35　变频器上限频率和下限频率

4）跳变频率 f_J。

生产机械在运转时总是有振动的，其振动频率和转速有关。有可能在某一转速下，机械的振动频率与它的固有振荡频率相一致而发生谐振的情形，这时，振动将变得十分强烈，使机械不能正常工作，甚至损坏。

为了避免机械谐振的发生，机械系统必须回避可能引起谐振的转速。与回避转速对应的工作频率就是跳变频率，用 f_J 表示。

5）点动频率 f_{JOG}。

生产机械在调试过程中，以及每次新的加工过程开始前，常常需要“点一点、动一动”，以便观察各部位的运转情况。

如果每次在点动前后，都要进行频率调整，既麻烦又浪费时间。因此，变频器可以根据生产机械的特点和要求，预先一次性地设定一个点动频率 f_{JOG}，每次点动时都在该频率下运行，而不必变动已经设定好的给定频率。

（2）变频器的频率指标。

1）频率范围。

频率范围，即变频器能够输出的最高频率 f_{max} 和最低频率 f_{min}。各种变频器规定的频率范围不尽一致。通常，最低工作频率为 0.1～1Hz，最高工作频率为 120～650Hz。

2）频率精度。

频率精度是指变频器输出频率的准确程度，用变频器的实际输出频率与设定频率之间的最大误差与最高工作频率之比的百分数表示。

例如，用户给定的最高工作频率 $f_{max}=120\text{Hz}$，频率精度为 0.01%，则最大误差为

$$\Delta f_{max}=0.000\,1\times 120=0.012(\text{Hz})$$

3）频率分辨率。

频率分辨率是指输出频率的最小改变量，即每相邻两挡频率之间的最小差值，一般分模拟设定分辨率和数字设定分辨率两种。

【例】当工作频率为 $f_x=25\text{Hz}$ 时，如变频器的频率分辨率为 0.01Hz，则上一挡的最小频率（f'_x）和下一挡的最大频率（f''_x）分别为

$$f'_x = 25 + 0.01 = 25.01(\text{Hz})$$

$$f''_x = 25 - 0.01 = 24.99(\text{Hz})$$

1.3.5 变频器的选择

在变频器调速系统设计中，变频器的选择是十分关键的一环，它是实现调速系统稳态指标和动态指标的重要保证。通用变频器的选择，包括变频器类型的选择和容量的选择。选择变频器规格时，应注意根据要求采用合适的选择方式和计算公式，根据工程实际情况确定具体调速方案，包括逆变器与电动机的对应关系、整流器与逆变器的对应关系、制动部分的结构方式及配置规模、采用哪种控制方式等。

1. 变频器品牌介绍

近年来，随着计算机技术、电力电子技术和控制技术的飞速发展，通用变频器在种类、性能和应用等方面都取得了很大的发展，这些变频器已经基本上能满足现代工业控制的需要，且用户的选择范围很大。目前，国内市场上流行的通用变频器多达几十种，如欧美国家的品牌有西门子、ABB、Vacon、Lenze（伦茨）、罗克韦尔、科比（KEB）、施耐德等；日本的品牌有富士、三菱、日立、松下、东芝等；韩国的品牌有 LG、三星等；我国港澳台地区的品牌有台达、东元等；我国大陆的品牌有康沃、惠丰、森兰等。

（1）德国西门子新型变频器。

德国西门子公司的通用变频器包括标准通用变频器和大型通用变频器。标准通用变频器主要包括 MM4 系列标准变频器、MM3 系列标准变频器和电动机变频器一体化装置三大类。其中，MM4 系列标准变频器包括 MM440 矢量型通用变频器、MM430 节能型通用变频器、MM420 基本型通用变频器和 MM410 紧凑型变频器 4 个系列；MM3 系列标准变频器包括 MMV 矢量型通用变频器、ECO 节能型通用变频器和 MM 基本型通用变频器 3 个系列，其中，MMV 矢量型通用变频器又分为 MICROMASTER Vector（MMV）和 MIDIMASTER Vector（MDV）两种机型，ECO 节能型通用变频器包括 MMECO 和 MDECO 两个系列，是适用于风机和泵类变频调速的经济型通用变频器；电动机变频器一体化装置包括 MM411、CM411 和 CM3 三个系列的产品。MM411 是在 MM420 系列通用变频器的基础上开发的新产品，适用于防护等级要求较高的分布式传动领域。CM411 是由集成的通用变频器 MM411 和电动机组合而成的一体化变频调速装置。CM3 也是由通用变频器和电动机组合而成的一体化变频调速装置。选择西门子变频器时，应根据负载特性来选择，若负载为恒转矩负载，则应用 MMV/MDV 和 MM420/MM440 系列变频器；若负载为风机、泵类负载，则应选择 MM430 系列变频器。西门子标准大型通用变频器主要包括 SIMOVERT MV、SIMOVERT S、MasterDrives 6SE70/71 等系列。

（2）德国伦茨 9300 矢量变频器。

9300 高性能矢量变频器采用现代变频驱动技术，拥有众多的控制功能以及丰富、友好的用户接口；响应时间短，速度偏差小；系统配置完善，通信功能强大。

（3）美国的罗克韦尔交流变频器。

该变频器在提高可靠性的同时降低了功率元器件的导通和开关的损耗，并由此推出最先进的变频方案。该产品提供一种对电源控制和操作界面的灵活封装，用于满足空间、灵活性和可靠性的要求，并提供丰富的接口，允许用户在大多数应用中很容易地对变频器进行组态。其特性是：人机界面调试灵活，零间隙安装，多种通信连接，控制方式多样。

2. 变频器技术规范介绍

（1）变频器容量。

通用变频器的容量用所适用电动机的功率、输出容量、额定输出电流来表示，其中最重要的是额定输出电流，它是指变频器连续运行时输出的最大交变电流的有效值。输出容量取决于额定输出电流与额定输出电压下的三相视在输出功率。日本品牌的通用变频器的额定输入电压往往是 200V、220V 和 400V、440V 共用不细分，变频器的输入电源电压常允许在一定范围内波动，因此，输出容量一般用作衡量变频器容量的一种辅助手段。德国西门子公司的变频器对电源电压则规定得很严格。电动机容量与变频器额定电流的对应关系如表 1－1 所示。

表 1－1　电动机容量与变频器额定电流的对应关系

电动机容量（kW）		22.0	30.0	37.0	45.0	55.0	75.0
电动机额定电流 I_{MN}（A）	2p=2	42.2	56.9	70.4	83.9	102.7	140.1
	2p=4	42.5	56.9	69.8	84.2	102.5	139.7
	2p=6	44.6	59.5	72.0	85.4	104.9	142.4
	2p=8	47.6	63.0	78.2	93.2	112.1	152.8
变频器额定电流	艾默生	45.0	60.0	75.0	90.0	110.0	152.0
	安川 G7	52.0	65.0	80.0	97.0	128.0	165.0
	ABB-800	55.0	72.0	86.0	103.0	141.0	166.0
	瓦萨 CX	48.0	60.0	75.0	90.0	110.0	150.0

（2）变频器输入、输出参数。

额定输入参数包括电压输入相数、电压、频率、允许电压频率波动范围、瞬时低电压允许值、额定输入电流和需要的电源容量。

额定输出参数包括通用变频器的额定输出电压、额定输出电流、额定过载电流倍数、额定输出频率等。变频器的最高输出频率因信号的不同差别很大，通常有 50Hz、60Hz、

120Hz、240Hz、400Hz 甚至更高。通用变频器中大容量变频器都属于 50Hz/60Hz 这一类，最高输出频率超过工频的变频器多为小容量变频器。这样可以根据使用目的确定最高输出频率，选择变频器的机种。

输出频率的精度通常给出两种指标：模拟设定和数字设定。输出频率的设定分辨率通常给出三种指标：模拟设定、数字设定和串行通信接口链接设定。

（3）变频器控制参数。

选用变频器时可根据控制参数及其说明所需要的参数选择，并核对对自己的需要是否相符，有些参数可能用不上，可以不予考虑。

1）控制方法。

控制方法包括各种形式的 U/f 控制方式、矢量控制方式、无速度传感器矢量控制方式等。

2）转矩提升。

转矩提升功能可根据不同的负载特性选择不同的方式。

3）运行方法。

运行方法通常有三种：面板操作、外部触点输入信号操作、串行通信接口链接运行。

4）频率设定。

频率设定方法一般有四种：上/下限频率通常预设的频率上限值和下限值；偏置频率通常预设偏置频率值，该值对应于最小控制信号；跳跃频率控制，通常设定跳跃点的个数、跳跃频率设定范围等，主要用于避免机械共振。

5）运行状态信号。

6）加、减速时间。

7）自动再起动功能。

（4）其他参数。

1）显示功能及类型。

在变频器产品说明书中，通常提供操作显示面板的类型及是否有可供选择的操作显示面板。

2）环境参数。

环境参数说明变频器的使用场所。

3. 变频器的类型选择

根据变频器的控制功能，对于 U/f 控制方式有普通功能型和恒定电磁转矩控制功能；对于矢量控制方式，有带速度传感器和不带速度传感器之分。变频器类型选择的基本原则是根据负载的要求进行选择的，选择方法如下：

（1）风机和泵类负载。

这类负载在过载能力方面要求比较低，由于负载转矩与速度的平方成正比，所以低速运行时负载较轻。又因为这类负载对转速的精度没有要求，故选择类型时通常以廉价为主要原则，选择普通功能型通用变频器。

（2）恒转矩负载。

多数负载具有恒转矩特性，但在转速精度及动态性能等方面要求一般不高，选择类型时可选 U/f 控制方式的变频器，但最好采用具有恒转矩控制功能的变频器。如果用变频器实现恒转矩调速，则必须加大电动机和变频器的容量，以提高低速转矩。

被控对象具有一定的动、静态的要求。这类负载一般要求低速时有较硬的机械特性，才能满足工艺对控制系统的动、静态要求。如果控制系统采用开环控制，则可选用具有无转速反馈矢量控制功能的变频器。

被控对象具有较高的动、静态的要求。对于调速精度和动态性能指标都有较高的要求，可采用具有转速反馈矢量控制功能的变频器。

单元 1　习题

单元 2 变频器的使用基本技能训练

本单元主要学习变频器的操作模式和功能预置；学习变频器 PID 功能；学习变频器控制方式的选择；了解变频器的保护功能；学会操作三菱变频器 D700 系列以及西门子 MM440、G120 变频器。通过本单元的学习可以熟练地操作和使用变频器。

学习目标

1. 了解变频器基本控制功能；
2. 掌握变频器端子的分布，各类端子的功能及连接控制方式；
3. 掌握变频器的程序输入方法、运行控制方法、监视方法；
4. 学会利用产品手册使用变频器。

任务 2.1 变频器操作概述

目前，变频器已经广泛应用于各种生产机械的拖动系统。国内外厂商生产的变频器种类繁多，但变频器的功能、原理、操作、维护及注意事项基本相同。本书以日本三菱 D700 系列和德国西门子 MM440、G120 变频器为例，说明通用变频器的使用与参数设定。

变频器的运转指令方式是指如何控制变频器的基本运行功能，这些功能包括起动、停止、正转与反转、正向点动与反向点动、复位等。与变频器的频率给定方式一样，变频器的运转指令方式也有操作器键盘控制、端子控制和通信控制三种。运转指令方式必须按照实际的需要进行选择设置，同时也可以根据功能进行相互之间的方式切换。

2.1.1 变频器操作模式

1. 面板操作模式

变频器的操作可用面板（PU）的键盘进行。这样可以直接在变频器面板的键盘上进行操作，也可以将操作面板摘下来，通过标准接口电路（RS232 或 RS485）用电缆连接进行不同距离的操作。

2. 外部操作模式

外部操作模式通常在出厂时已经设定，也可通过功能参数来实现。这种模式用外接起动开关和频率设定电位器来控制变频器的运行。以三菱 D700 为例，外接起动开关与变频器正转 STF、反转 STR 连接。频率设定电位器与变频器的 10、2、5 号端子相连接。可输入 DC 0～10V、DC 0～5V 模拟电压信号或 DC 4～20mA 模拟电流信号控制变频器输出频率，DC 10V、DC 5V、DC 20mA 所对应的是变频器输出的最高频率。

3. 组合操作模式

外部操作与面板操作组合操作，可按下列两种方法中的任意一种操作来控制变频器。

（1）起动信号用外部信号设定。

起动信号用外部信号设定，采用按钮、继电器、PLC 等指令电器控制正转和反转。频率信号由面板操作设定。

（2）起动信号用面板（PU）设定。

起动信号用面板（PU）设定，采用外部频率设定电位器设定频率。

4. 计算机通信模式

通过 RS485 接口电路和通信电缆可将变频器的 PU 接口与 PLC、数字化仪表和计算机（又称上位机）相连接，实现数字化控制。当上位机的通信接口为 RS232 电路时，应加接一个 RS232 与 RS485 的转换器。

2.1.2 变频器功能预置

变频器具有多种可供用户选择的控制功能，用户在使用前需根据生产机械拖动系统的特点和要求对各种功能进行设置。这种预先设定功能参数的工作称为功能预置。准确细致地预置变频器的各项功能和参数，对正确使用变频器和变频调速系统可靠的工作是至关重要的。

用户在功能预置时，首先确定系统所需要的功能，然后再预置功能所要求的参数。变频器操作手册中将各种功能划分为多个功能组，这些功能组的名称就是功能代码的范围。

1. 功能码

表示各种功能的代码称为功能码，如三菱 D700 系列变频器中，“Pr. 79”为功能码，表示操作模式选择功能。

2. 参数码

表示各种功能所需要的参数代码称为参数码，如“Pr. 79”功能码确定后再置“2”，即“Pr. 79＝2”说明选择了外部操作模式，“2”即为参数码。

三菱 D700 系列变频器的功能组代码范围如表 2－1 所示。

表 2－1　三菱 D700 系列变频器的功能组代码范围

序列号	功能组名称	功能码范围
1	基本功能	Pr. 0～Pr. 9
2	标准运行功能	Pr. 10～Pr. 37
3	输出端子功能	Pr. 41～Pr. 43
4	第二功能	Pr. 42～Pr. 50
5	显示功能	Pr. 52～Pr. 56
6	自动再起动功能	Pr. 57～Pr. 58
7	附加功能	Pr. 59
8	运行选择功能	Pr. 60～Pr. 79
9	电动机参数选择功能	Pr. 80～Pr. 96
10	U/f 调整功能	Pr. 100～Pr. 109
11	第三功能	Pr. 110～Pr. 116
12	通信功能	Pr. 117～Pr. 124
13	PID 调节功能	Pr. 128～Pr. 134
14	变频与工频切换功能	Pr. 135～Pr. 139
15	齿隙功能	Pr. 140～Pr. 143
16	显示功能	Pr. 144
17	电流检测	Pr. 150～Pr. 153
18	端子安排功能	Pr. 180～Pr. 195
19	程序运行	Pr. 200～Pr. 230
20	多段速度运行	Pr. 231～Pr. 239

2.1.3　频率给定功能

1. 频率给定方式

在变频调速系统中，要调节变频器的输出频率，首先要向变频器提供改变频率的信号，这个信号称为频率给定信号。

（1）面板给定方式。

通过变频器操作面板的键盘进行频率参数的给定设置，称为面板给定方式。这种方式不需要外部接线，频率设置精度较高。

以三菱 D700 为例，面板操作设定频率的具体操作步骤如下：

1）按“MODE”键切换到频率设定模式。

2）用“增/减”键将给定频率调至所需的数值。

3）用“SET”键写入给定频率。

（2）外部给定方式。

用变频器的输入端子输入频率给定信号来调节变频器输出频率的方式，称为外部给定方式。这种方式属于模拟量给定方式，给定的频率精度略低。

1）电压信号给定。

以直流电压大小作为给定信号，称为电压给定信号，用“U_G”表示。

给定范围：DC 0～5V、DC 0～10V。

①电位器给定。

电压信号源由变频器内部直流电源提供。

②直接电压给定。

③辅助给定。

辅助给定信号与主给定信号相叠加，取其代数和，起到调节变频器输出频率的辅助作用。端子“1”为辅助给定端子。

2）电流信号给定。

以直流电流的大小作为给定信号，称为电流信号给定。

2. 变频器特定频率的功能和意义

变频器中有多种代表着不同意义的特定频率名称，对用户正确使用变频器具有非常重要的意义。

（1）给定频率和输出频率。

1）给定频率。

与给定信号相对应的设定频率称为给定频率，用“f_G”表示。

2）输出频率。

变频器实际输出的频率称为输出频率，用“f_X”表示。为改善变频调速后异步电动机的机械特性，变频器设置了一些补偿功能，如转矩补偿、矢量控制等功能。这些补偿功能会直接或间接地对变频器输出频率在给定频率的基础上进行调整。因此，由于受到各种补偿功能的影响，变频器的输出频率 f_X 并不一定等于给定频率 f_G。

（2）基本频率与最大频率。

1）基本频率。

与变频器最大输出电压所对应的频率称为基本频率，用“f_B”表示。基本频率的大小与给定信号无关。基本频率 f_B 通常与电动机额定频率 f_N 相等。

2）最大频率。

与最大给定信号相对应的变频器输出频率称为最大频率，用“f_{max}”表示。

（3）上限频率与下限频率。

1）上限频率。

与生产机械所要求的最高转速相对应的频率称为上限频率，用“f_H”表示。

例如，某机床要求的最高转速是 300r/min，相对应的电动机转速是 1 200r/min，则与此相对应的运行频率是上限频率 f_H。采用模拟量给定方式，若给定信号是 0～5V 的直流电压信号，则给定频率对应为 0～50Hz。如果上限频率设定为 f_H=40Hz，则在给定电压大于 4V 时，变频器的输出频率都将保持 40Hz。

2）下限频率。

与生产机械所要求的最低转速相对应的频率称为下限频率，用“f_L”表示。

例如，某机床要求的最低转速是 100r/min，相对应的电动机转速是 400r/min，则与此相对应的运行频率是下限频率 f_L。

3）上限频率与最大频率的关系。

上限频率是根据拖动系统需要设定的最大运行频率，它并不是变频器能够输出的最高频率。

当 $f_H > f_{max}$ 时，变频器能够输出的最高频率由最大频率 f_{max} 决定，上限频率将不起作用。

当 $f_H < f_{max}$ 时，变频器能够输出的最高频率由上限频率 f_H 决定。

（4）回避频率。

任何机械都有其固有频率，它取决于机械的结构、质量等方面的因素。机械在运行过程中，振动频率与运行转速有关。在拖动系统无级调速中，当机械的转速频率与机械的固有频率相等时，将引起机械共振。此时机械振幅较大，有导致机械磨损和损坏的可能。消除共振的方法有两种：一是改变机械的固有频率，但这种方法可能性极小；二是跳开可能导致发生共振的频率。

在变频调速系统中，使拖动系统跳跃可能引起共振的转速频率。这个跳跃段的频率称为回避频率。

（5）控制功能。

变频器控制的交流异步电动机起动应遵循两个原则：一是电动机的输出转矩大于负载转矩；二是系统的工作点频率大于变频器设定的最大起动频率。

1）起动频率。

起动电流不超过变频器与电动机的允许值，且满足拖动系统控制要求，这是选择并设定起动频率的原则。

①起动频率的设定。

起动频率是指电动机开始起动时的频率，用“f_S”表示。起动频率可以从 f_S=0Hz 开始。但对于惯性较大或摩擦转矩较大的负载，则需要有合适的机械冲击力，可根据预置起动频率，使电动机在该频率下直接起动。

②起动前的直流制动。

如果系统在起动时，电动机已经有一定的转速，则需要在起动前进行直流制动，以保证拖动系统安全可靠地从零开始运行。

2）升速时间和降速时间。

①升速时间。

生产机械在运行过程中，升速/降速均属于从一种状态转变到另一种状态的过渡过程，如图 2－1 所示。

在起动过程中，变频器的输出频率 f_X 由 0Hz 上升到给定频率 f_G 所需的时间称为升速时间（t_2），如图 2－1 所示。对于升速过程，时间越短越好，但升速时间越短，越容易引起过电流，这是升速过程中的矛盾之处。因此，在不过流的前提下，应尽量缩短升速时间。

②降速时间。

在减速停车过程中，变频器输出频率 f_X 由给定频率 f_G 减小到 0Hz 所需的时间称为降速时间（t_3），如图 2－1 所示。电动机在降速过程中，有时会处于再生发电状态。再生电能回馈到变频器的直流电路，产生泵生电压，使变频器的中间直流环节直流电压升高。降速时间越短，泵生电压越高，越容易损坏整流和逆变器。在考虑设备承受泵生电压的能力和提高生产效率的前提下，应尽量缩短降速时间。

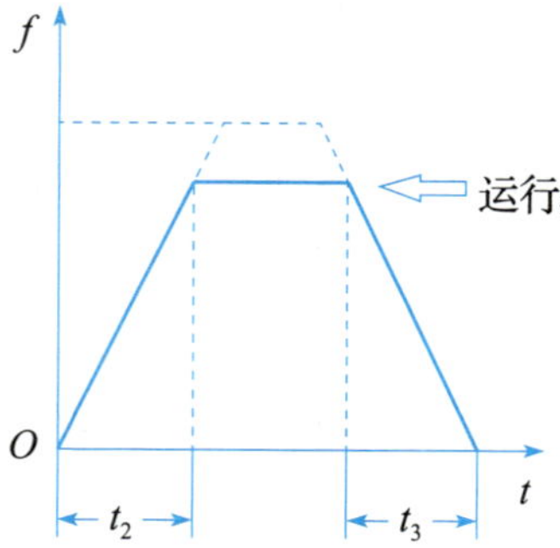

图 2－1　升速时间与降速时间

3）升速/降速方式。

①加速曲线：一共有三种类型，如图 2－2 所示。

- 线形：适用于一般要求的场合。

● S 形：适用于传送带、电梯等对起动有特殊要求的场合。

● 半 S 形：正半 S 形方式适用于大转动惯性负载；反半 S 形方式适用于风机类和泵类负载。

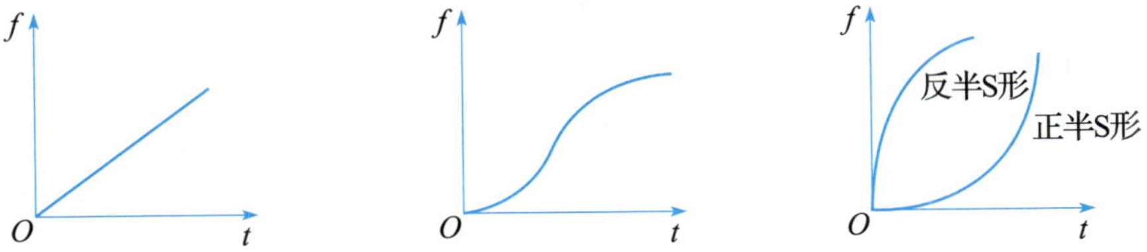

（a）线形　（b）S形　（c）半S形

图 2－2　变频器加速曲线类型

②减速曲线：与加速曲线类似。

③加速和减速曲线的组合。

根据不同的机型可分为三种情况：

● 只能预置加减速的方式，S 形和半 S 形曲线的形状由变频器内定，用户不能自由设置。

● 变频器可提供若干种 S 区供用户选择。

● 用户可以在一定的非线性区域设置时间的长短。

4）制动控制功能。

①电动机的停车。

电动机自然停车有两种情况：一是变频器按照设置的降速时间和方式逐步降低输出频率，使电动机的转速随之下降，直至停止；二是变频器输出电压为零，也就是切断电动机电源，电动机的转速随时间而下降，直至停止。但由于转子本身的惯性，不能马上停止。从生产工艺和安全考虑，有的拖动系统需要电动机及时准确地停车，这就需要实施对电动机的制动控制。

②再生制动。

变频器按照设置的降速时间和方式逐步降低输出频率时，由于负载的惯性，电动机转子转速有时会超过同步转速，使得电动机进入再生发电状态。转子受到反向力矩作用，起到制动作用，称为再生制动。与此同时，电动机的再生电能回馈到变频器直流电路，产生泵生电压。

③再生电能的处理。

采用有源逆变器，将电动机再生制动时产生的能量回馈到交流电网，能够避免泵生电压过高而损坏变频器。

采用变频器制动单元中的制动电阻来消耗电动机再生电能的制动方式，称为能耗制动。

小功率变频器的制动单元和制动电阻都置于变频器内部。采用能耗制动时，在内部电阻容量不够的情况下需外接制动电阻。

5）直流制动。

对于大惯性负载来说，仅靠负载转矩或摩擦转矩制动停机，常常停不住，且停机后还会出现“爬行”现象。如果采用直流制动，则可实现快速停机，消除“爬行”现象。对于某些要求快速停车的拖动系统，因减速时间太短会引起泵生电压过高，也有必要引入直流制动。

①直流制动的原理。

当变频器的输出频率接近为零，电动机的转速降低到一定数值时，变频器改为向异步电动机定子绕组中通入直流电，形成静止磁场。此时，电动机处于能耗制动状态，转动着的转子切割该静止磁场而产生制动转矩，使电动机迅速停止。

②直流制动功能设置。

● 直流制动动作频率 f_{DB}。

大多数情况下，直流制动是和再生制动配合使用的。首先用再生制动方式使电动机的转速降至较低，然后切换成直流制动使电动机迅速停机，切换时所对应的频率称为直流制动动作频率 f_{DB}，如图 2-3 所示。负载要求制动时间越短，则直流制动动作频率 f_{DB} 越高。

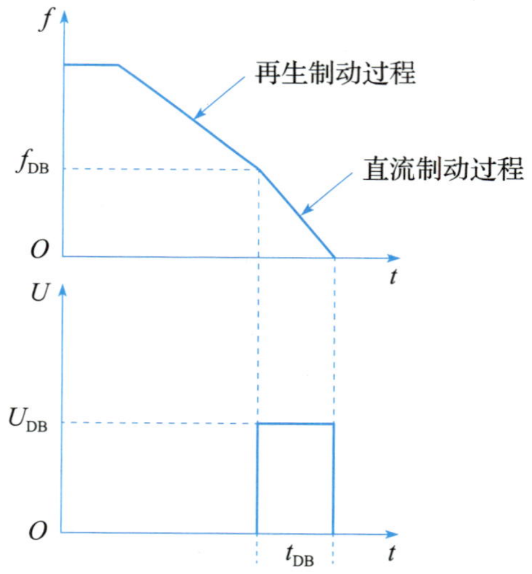

图 2-3　直流制动参数设定

● 直流动作电压 U_{DB}。

直流制动过程中，在定子绕组上所加的直流电压的大小，称为直流动作电压 U_{DB}。它决定了直流制动的强度。

● 直流制动时间 t_{DB}。

如图 2-3 所示，直流制动时所加直流动作电压 U_{DB} 的时间长短，称为直流制动时间 t_{DB}。

预置直流制动时间的主要依据是负载是否有“爬行”现象。风机在停机状态下，有时因自然风对流而反方向旋转，如遇该情况应在起动前进行直流制动，保证电动机转速从零开始。

2.1.4 变频器 PID 调节功能

具有对信号进行比例（P）、积分（I）、微分（D）运算功能的硬件电路或软件称为 PID 调节器。变频器 PID 调节属于闭环控制，具有智能化控制的特点。

1. PID 控制系统的基本组成

以 PID 调节器为核心组成的闭环系统，称为 PID 调节系统。下面我们以 PID 控制的恒压供水系统为例予以说明。

图 2-4 所示为 PID 恒压供水系统示意图。该供水系统的实际压力由压力传感器将压力信号转换成电信号，反馈到 PID 调节器的输入端，组成闭环控制系统。

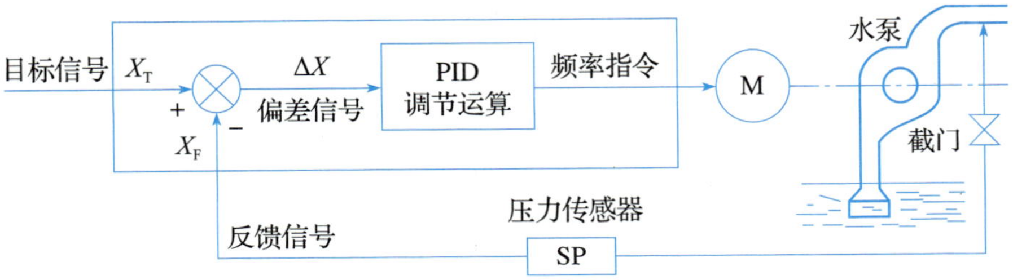

图 2-4 PID 恒压供水系统示意图

（1）目标信号。

目标信号用“X_T”表示，是与所要求的水泵出水压力相对应的信号，通常通过变频器键盘给定。有时由于控制的需要，也可通过模拟量端子进行给定。

（2）反馈信号。

变频器的控制对象是水泵出水压力。压力传感器实际测量的出水压力信号反馈到变频器中 PID 调节器输入端，这个出水压力信号称为反馈信号，用“X_F”表示。

（3）偏差信号。

目标信号与反馈信号相比较而得到的偏差值称为偏差信号，也称为静差信号，用“ΔX”表示。

2. PID 控制系统的工作过程

（1）比较环节及调节过程。

首先向 PID 调节器输入一个目标信号 X_T，这个目标信号所对应的是系统给定压力 P_P。压力传感器将供水系统的实际压力转换成电信号 X_F 反馈到 PID 调节器的输入端，反馈信号 X_F 与目标信号 X_T 相比较而得到偏差信号 ΔX。

$$\Delta X = X_T - X_F \qquad (2-1)$$

当 $\Delta X > 0$ 时，目标信号大于反馈信号（$X_T > X_F$），说明出水压力并未达到预期控制目标，变频器输出频率上升，水泵升速，提高出水压力。

当 $\Delta X < 0$ 时，目标信号小于反馈信号（$X_T < X_F$），说明水压已经超过预期控制目标，变频器输出频率下降，水泵降速，降低出水压力。

当系统的供水压力（反馈信号 X_F）无限接近目标信号值 X_T 时，偏差信号 $\Delta X \to 0$，此时，系统工作在相对稳定状态，这时偏差信号最小，供水基本保持恒压。但是，无论系统动态性能多好，也不可能完全消除偏差，ΔX 不可能为零。如果偏差信号太小，则系统反应就可能不够灵敏，为提高系统的灵敏程度，系统引入比例环节。

（2）比例调节（P）的功能。

比例调节由比例放大器或软件组成，称比例调节器，放大倍数为 K_P。如图 2-5（a）所示，偏差信号 ΔX 很小，但经过比例调节放大 K_P 倍后，用作变频器的频率给定信号。频率给定信号用"X_G"表示。

$$X_G = K_P(X_T - X_F) = K_P \Delta X \qquad (2-2)$$

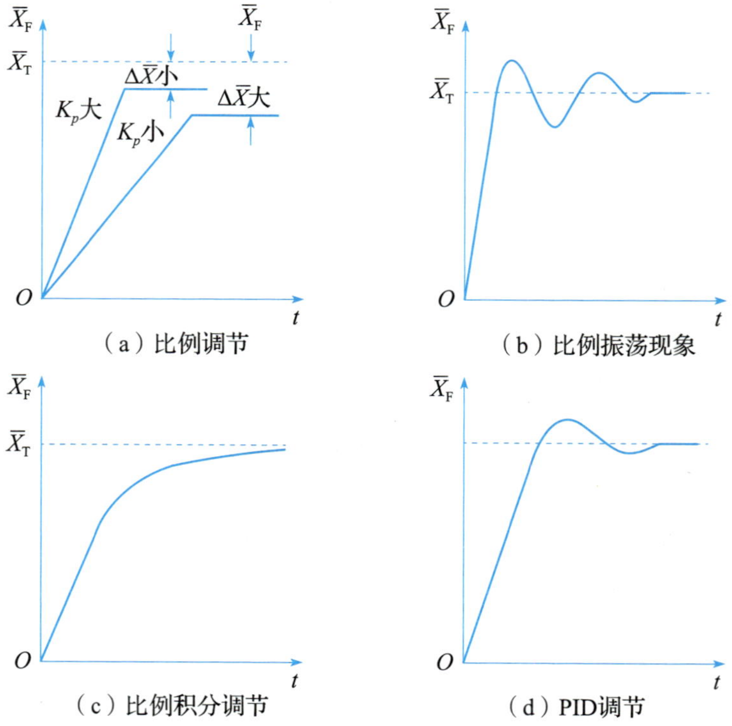

图 2-5　PID 调节作用

将偏差信号放大 K_P 倍后，提高了系统的反应速度，可迅速回复到预期的控制目标，比较准确地调节水泵压力。

但 K_P 的大小对控制系统是有影响的。若 K_P 过大，$K_P\Delta X$ 也越大，出水压力的反馈信号 X_F 跟踪到目标值 X_T 的速度必定很快。由于系统的惯性，很容易发生 $X_T<X_F$（$\Delta X<0$）的现象，这种现象称为“超调”。于是控制又向反方向调节，这样使出水压力反馈信号 X_F 在目标信号值 X_T 附近振荡，如图 2－5（b）所示。

若 K_P 过小，系统反应迟钝，调节的速度必然放慢，系统回复到目标信号值所用时间较长。

为缓解比例调节因放大倍数过大出现的超调现象，系统引入积分（I）调节。

（3）积分调节（I）的功能。

积分调节由积分电路或软件组成。功能为只要调节器输入端偏差信号 ΔX 存在，积分调节的输出就会随时间不断地对其进行调节，直到偏差信号 $\Delta X=0$，所以积分调节属于滞后调节。由比例环节的功能可知，提高比例放大倍数 K_P 后，虽然提高了系统反应速度，但容易出现超调或比例振荡现象，使得水泵电动机升降速过于频繁。引入积分调节后则延长了水泵电动机的升降速时间，抑制了因 K_P 过大而引起的超调和比例振荡现象。由比例调节和积分调节共同组成的调节器称比例积分（PI）调节器，如图 2－5（c）所示。

（4）微分调节（D）的功能。

微分调节由微分电路或软件组成。功能为根据偏差信号的变化趋势（偏差信号变化率 $\Delta X/t$），提前给出调节动作。所以微分调节属于超前调节。当出水压力刚刚下降时，微分调节立即检测到出水压力的下降趋势，这时偏差信号变化率 $\Delta X/t$ 很大，水泵电动机转速很快增大。随着出水压力的增大，偏差信号变化率 $\Delta X/t$ 逐渐减小，直至为零，微分作用随之消失。

图 2－5（d）所示为 PID 调节示意图。可以看出，经 PID 调节后的供水压力，既保证了系统的动态响应速度，又避免了调节过程可能出现的比例振荡现象，并减小了超调，使得系统出水压力保持恒定。

3. PID 调节功能设置

在采用 PID 调节的闭环控制系统中，变频器输出频率 f_x 与被控量之间的变化趋势相反，称为“负反馈”。例如，恒压供水系统中，出水压力越高，要求变频器的输出频率 f_x 越低。

变频器的输出频率 f_x 与被控量之间的变化趋势相同，称为“正反馈”。例如，中央空调系统中，温度越高，则要求变频器的输出频率 f_x 越高。

（1）PID 功能的三种动作（以三菱 D700 为例）。

①Pr. 128＝0：PID 功能无效。

②Pr. 128＝1：负反馈。

③Pr. 128＝2：正反馈。

当选择 PID 调节功能有效时，变频器完全按照 PID 三个环节的调节规律运行。变频器

的输出频率 f_x，只根据偏差信号 $\Delta X = X_T - X_F$ 的大小进行自动调整，与被控量之间并无对应关系。ΔX 的大小与变频器的升/降速过程完全取决于 PID 的参数设置，而原来的升/降速时间将不再起作用。

由于偏差信号的存在以及积分环节的作用，变频器的输出频率 f_x 始终处于调整状态。因此，变频器面板 PU 上显示的频率是不稳定的。

（2）目标信号值给定方式。

1）键盘给定方式。

目标信号值是个百分数，可由操作键盘直接给定。

2）电位器给定方式（见图 2-6）。

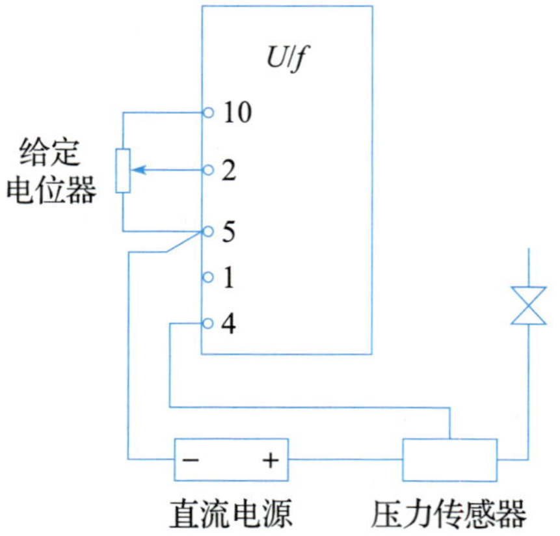

图 2-6　电位器给定方式

目标信号从变频器的频率给定端子“2”输入，反馈信号接至模拟电流端子“4”与公共端子“5”之间。由于变频器已经设置为 PID 调节方式，所以在调节目标信号值时，显示屏上显示为百分数。

2.1.5　控制方式的选择功能

变频器常用的控制方式有 U/f 控制和矢量控制。

1. 转矩补偿

由电动机理论可知，异步电动机定子电压平衡方程为

$$U = -E + IR + jIX_L = -E + IZ \tag{2-3}$$

式中　U——异步电动机定子绕组的交流电压，单位为 V；

IR——异步电动机定子绕组的电阻压降，单位为 V；

jIX_L——异步电动机定子绕组的漏抗压降，单位为 V；

Z——异步电动机定子绕组的总阻抗，单位为 Ω。

如果忽略电动机定子绕组的阻抗压降 IZ，由式（2－3）可得

$$U \approx -E \quad (2-4)$$

当电动机定子绕组中交流电频率 f 调至较低时，定子绕组电压 U 也要相应调低，而事实上定子绕组的阻抗压降 IZ 并不减小。随着频率 f 的降低，定子绕组感应电动势有效值 E 所占比例将逐渐减小。E 与 U 的差值增大，E/f 与 U/f 差值也增大。

当 U/f＝常数时，E/f 随频率的下降而减小，主磁通 Φ_M 也随之减小，电动机的电磁转矩 T_M 也降低，使电动机的带载能力下降。因此，在交流电频率 f 较低的情况下，定子绕组的阻抗压降 IZ 就不能再忽略不计了。

为满足低频情况下"U/f＝常数"的条件，对于定子绕组的阻抗压降 IZ，采取有针对性的电压补偿，称为转矩补偿（转矩提升）。其方法是：在"U/f＝常数"的基础上适当提高 U/f 值，也就是提高定子相电压有效值 U，使 U/f 尽量接近 E/f，以补偿定子绕组的阻抗压降 IZ，保持主磁通 Φ_M 不变。

2. U/f 转矩补偿线的选择

在 U/f 控制方式下，电动机以额定频率运行，定子绕组所加的电压是电动机的额定电压，无须进行电压补偿。

U/f 值不同，其线的斜率也不同，U/f 值的线称为转矩补偿线。如何选择电压与频率的比值（U/f）线在工程中具有十分重要的意义。

（1）基本 U/f 线。

当变频器输出频率从 0Hz 上升到基本频率 50Hz 时，输出电压也从 0V 按正比关系上升到额定电压 380V 的 U/f 线，称为基本 U/f 线，如图 2－7 中"1"线所示。

（2）转矩补偿线的选择。

变频器中存储数条可供用户选择的转矩补偿线，除基本 U/f 线外，每条线所对应的电压补偿量不同，电压补偿量为最大输出电压的百分比，如图 2－7 所示。有两种方式可进行补偿。

1）自动转矩补偿。

变频器根据检测的电动机参数自动选择 U/f 线，称为自动转矩补偿。采用这种补偿方式的最大优点是可以加大电动机的起动转矩。当起动电流为额定电流的 150%时，起动转矩

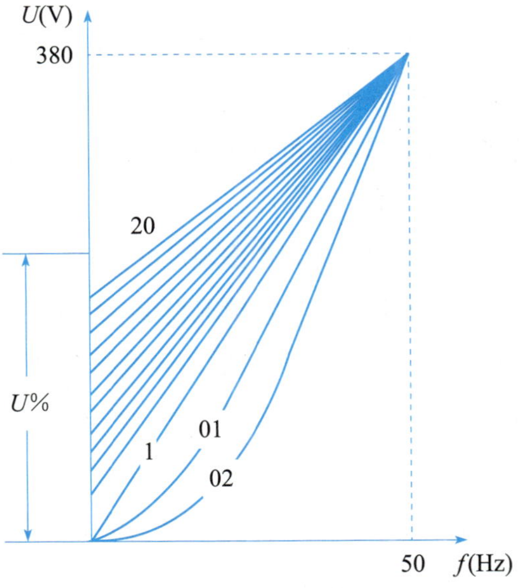

图 2－7 转矩补偿线

可达额定转矩的200%左右。

由于变频器内部不断地检测电动机参数进行判断、比较等操作，使系统的动态响应能力降低，对于负载变化率较大的系统不适合采用这种方式。

2）手动转矩补偿。

采用面板操作设置电压补偿量，称为手动转矩补偿。采用手动转矩补偿选择U/f线的原则是：对于较轻负载，补偿电压不宜设置过大；对于较重负载，应适当提高补偿电压的设定值。其补偿程度用户可根据上述原则，依据拖动系统的的工作情况进行选择与设置。图2-7中U/f线中的多条直线可用于恒转矩负载。图中“1”线为基本U/f线，编号越大，电压补偿量也越大。对于二次方律负载则提供了两条低减线，如图2-7中的“01”和“02”线。

2.1.6 保护控制功能

1. 过电流保护控制

变频器运行中，遇到突变性电流或者峰值电流超过变频器允许值的情况，都会引起变频器过流保护。

（1）过电流的原因。

1）拖动系统运行过程中，负载发生突变，出现过电流。

2）对于大惯性负载，升/降速时间设置得比较短也将导致过电流。

3）外部故障引起的过电流，如电动机堵转、变频器输出侧短路或接地等。

（2）过电流处理方法。

无论是负载突变，还是升/降速过程中短时间的过电流，总是不可避免的。对变频器过电流的处理原则是尽量避免跳闸。因此，变频器具有防止跳闸的自处理功能，也称防失速功能。只有当冲击电流峰值过大时，才迅速跳闸，使变频器得到保护。

1）负载突变。

当变频器在运行中出现过电流时，为使变频器不发生报警或停车，用户可根据电动机额定电流和负载的具体情况设定一个限值电流I_{SET}。当电流超过设定限值I_{SET}时，变频器先是将输出频率适当降低，待电流低于限值I_{SET}时，工作频率再逐渐恢复，如图2-8所示。

2）升/降速时间过短。

在升/降速过程中，当电流超过设定限值I_{SET}时，变频器将暂时停止升/降速，待电流下降到限值I_{SET}以下时，再行升/降速动作，如图2-9所示，可见，经这样处理后，延长了升/降速时间。

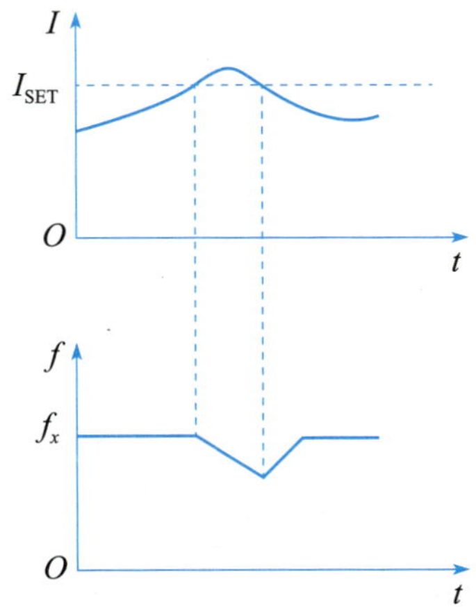

图 2-8　运行中过电流自处理

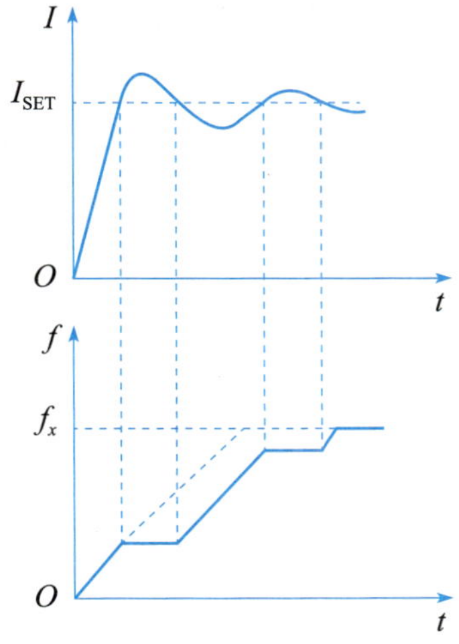

图 2-9　升速中过电流自处理

3）防止失速功能与参数设置。

如果给定的加速或减速时间过短，变频器的输出频率变化远远超过电动机转速的变化，变频器将因过电流和再生电压过高而跳闸，运行停止，这种现象称作失速。为了防止失速使电动机继续运行，就要检测出电流和再生电压大小以进行频率控制，适当抑制加减速速率，也就是防止失速的动作水平。

2. 电子热保护

电子热保护，主要是对电动机过载进行保护。其保护的主要依据是电动机的温升。当长时间低速运行时，因电动机冷却能力下降而出现过热。

电子热保护功能与参数设置如下：

电子过热保护功能设置：Pr. 9。

参数设定范围：0～500A。

2.1.7　适用负载选择功能

在使用变频器时，对于不同的负载，要选择与负载最相适应的 U/f 输出特性。其功能与参数设置如下：

适用负载选择功能设置：Pr. 14。

参数设定范围：

“0” 适用于恒转矩负载，如图 2-10（a）所示；

“1” 适用于二次方律负载，如图 2-10（b）所示；

“2” 适用于势能负载，正转时按 Pr. 0 的设定值，反转时转矩补偿为 0%，如图 2-10（c）所示；

“3”适用于势能负载，正转时转矩补偿为0%，反转时按Pr.0的设定值，如图2-10（d）所示。

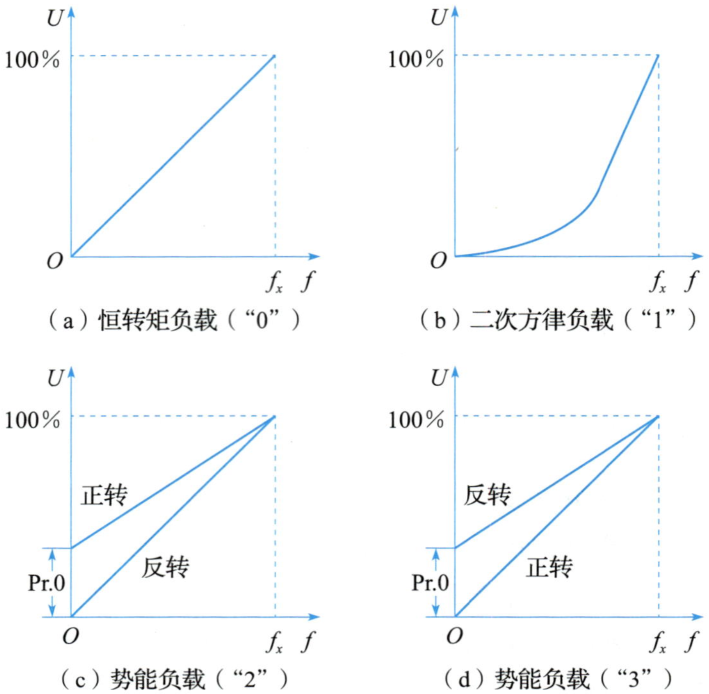

（a）恒转矩负载（“0”）

（b）二次方律负载（“1”）

（c）势能负载（“2”）

（d）势能负载（“3”）

图2-10　与负载相适应的*U/f*输出特性

任务 2.2 三菱变频器（D700 系列）操作训练

本任务主要学习三菱变频器的概述、主回路、外部端子、功能参数，掌握其参数分类以及基本参数、控制参数和高级功能参数。

三菱变频器是利用电力半导体器件的通断作用将工频电源变换为另一频率的电能控制装置。三菱变频器主要采用交—直—交方式（U/f 变频或矢量控制变频），先把工频交流电源通过整流器转换成直流电源，然后再把直流电源转换成频率、电压均可控制的交流电源以供给电动机。三菱变频器的电路一般由整流部分、中间直流环节、逆变部分和控制部分 4 个部分组成。整流部分为三相桥式不可控整流器，逆变部分为 IGBT 三相桥式逆变器，且输出为 PWM 波形，中间直流环节为滤波、直流储能和缓冲无功功率。

通过本任务的学习，学生应了解三菱变频器的铭牌含义及其基本控制功能；会用三菱变频率面板起动电动机；会用三菱变频率外部端子控制电动机运行；深刻理解三菱变频器常用参数的含义以及使用场合；会处理和分析三菱变频器出现的简单故障。

此任务的知识内容可通过扫描二维码获取。

三菱变频器（D700 系列）操作训练

任务 2.3　西门子变频器（MM440）操作训练

MM440 变频器是全新一代可以广泛应用的多功能标准变频器，如图 2－11 所示。它采用高性能的矢量控制技术，提供低速高转矩输出和良好的动态特性，同时具备超强的过载能力，以满足广泛的应用场合。创新的 BiCo（内部功能互联）功能有无可比拟的灵活性。

图 2－11　MM440 变频器外观图

MM440 变频器的主要技术参数如下：

电源电压：200～240V±10%，单相输入，三相输出；

额定功率：0.12～0.75kW；

频率：输入 47～63Hz，输出 0～650Hz；

功率因数：0.98；

过载能力：150%，60s；

固定频率：15 个；

数字输入：6 个；

模拟输入：2 个；

继电器输出：3 个；

模拟输出：2 个；

串行接口：RS485。

1. 电路设计

MM440 变频器的工作电路由两个部分组成：一部分是完成整流、逆变转换的主电路；另一部分是状态和控制信息的收集、转换和传输的控制电路。

本次实验只要求掌握主电路设计方法，首先拆卸 MM440 变频器的盖板，如图 2－12 所示；接线端子如图 2－13 所示；按要求设计 MM440 变频器的主电路，如图 2－14 所示。

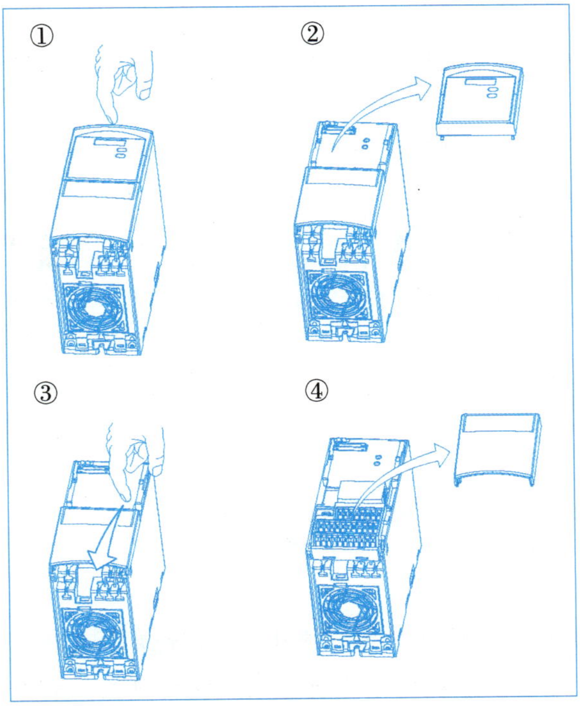

图 2－12　拆卸 MM440 变频器的盖板

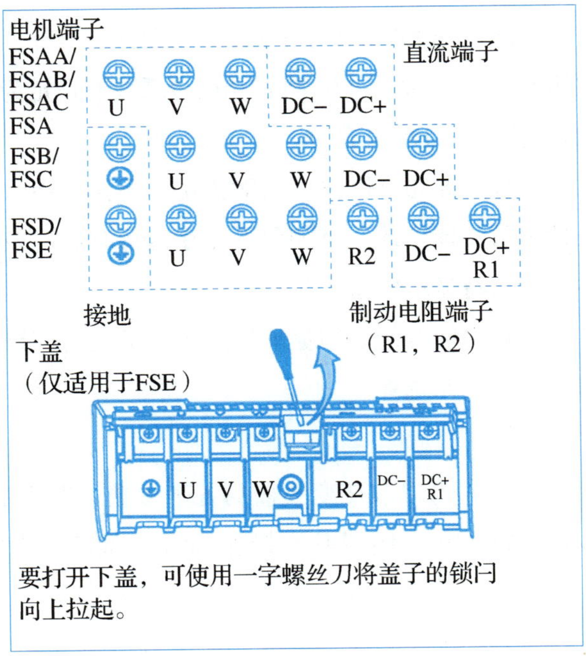

图 2－13　MM440 变频器接线端子

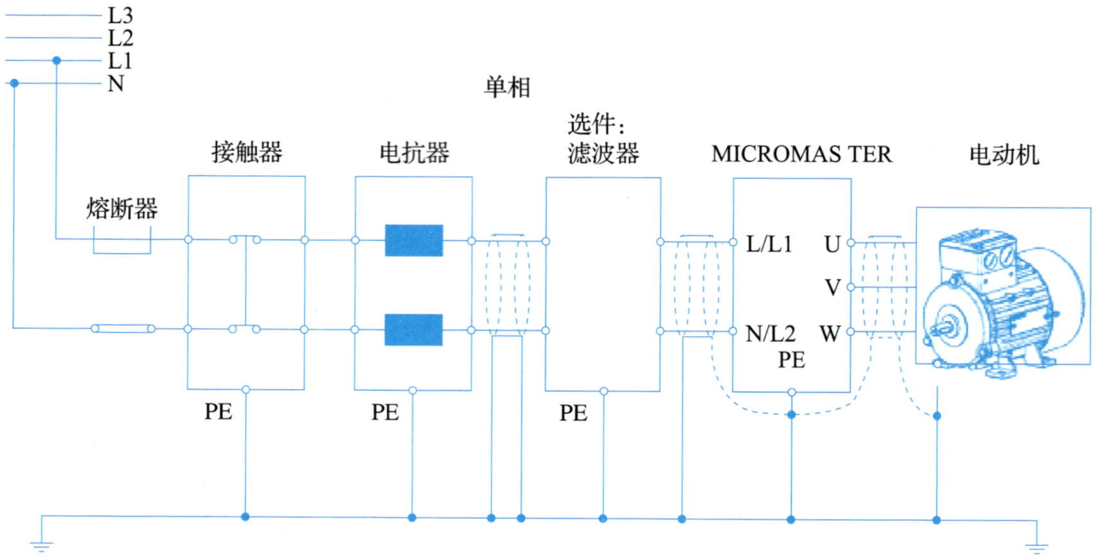

图 2-14 MM440 变频器的主电路

2. 参数设计

变频器的参数只能用基本操作面板（BOP）、高级操作面板（AOP）或串行通信接口进行修改。用 BOP 可以修改和设定系统参数，使变频器具有期望的特性，如斜坡时间、最小和最大频率等。选择的参数号和设定的参数值在五位数字的 LCD（可选件）上显示。

只读参数用 r××××表示，设置参数用 P××××表示。

P0010 表示起动“快速调试”，如果 P0010 被访问以后没有设定为 0，变频器将不运行。如果 P3900>0，这一功能是自动完成的。

P0004 的作用是过滤参数，据此可以按照功能去访问不同的参数。如果试图修改一个参数，而在当前状态下此参数不能修改。例如，不能在运行时修改该参数或者该参数只能在快速调试时才能修改，那么将显示忙碌信息。

变频器的参数有 4 个用户访问等级，即标准访问级、扩展访问级、专家访问级和维修级。用户访问等级由参数 P0003 来选择。

3. 运行操作

利用基本操作面板（BOP）可以改变变频器的各个参数，安装基本操作面板（BOP）步骤图如图 2-15 所示。MM440 变频器基本操作面板（BOP）的各键功能如图 2-16 所示。

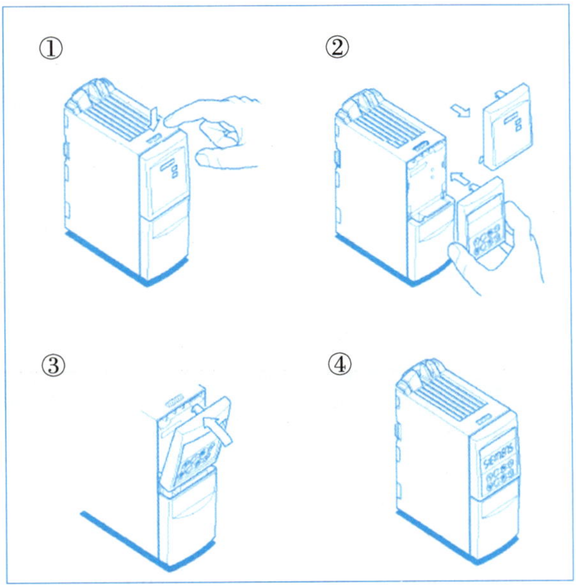

图 2-15　安装基本操作面板（BOP）步骤图

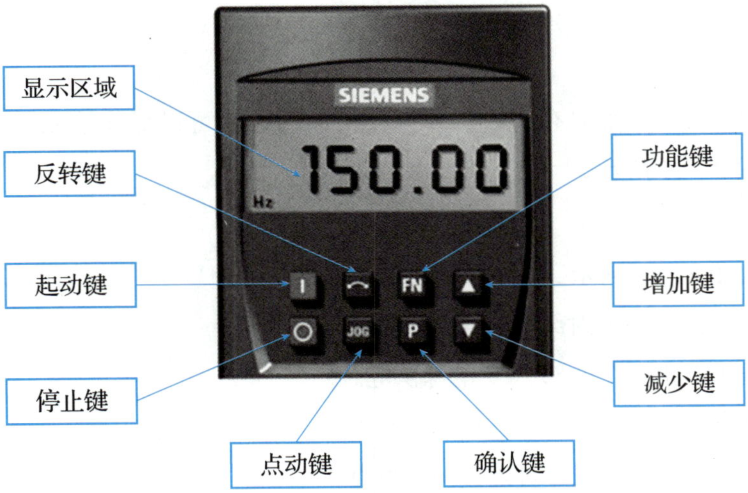

图 2-16　MM440 变频器基本操作面板（BOP）的各键功能

西门子变频器（MM440）操作训练

任务 2.4 西门子变频器（G120）操作训练

本任务主要了解西门子 G120 变频器的基本操作方法。完成本任务所需要的设备如表 2－2 所示。

表 2－2 本任务所需要的设备

序号	名称	型号与规格	数量
1	实训装置	THPFAB-2	1
2	导线	3 号/4 号	若干
3	电动机	WDJ26	1
4	实训指导书	THPFAB-2	1

2.4.1 西门子 G120 变频器的接口

1. 控制单元正面的接口

必须拆下操作面板（如果有的话）并打开正面门盖才可以操作控制单元正面的接口。其内部结构如图 2－17 所示。

2. 端子排接线方式

端子介绍如图 2－18 所示。

①模拟量输入：由一个内部 10V 电源供电。

②模拟量输出：由一个外部 10V 电源供电。

③使用内部电源时的接线，可连接源型触点。

④使用外部电源时的接线，可连接源型触点。

⑤使用内部电源时的接线，可连接漏型触点。

⑥使用外部电源时的接线，可连接漏型触点。

2.4.2 使用基本操作面板 BOP-2 调试变频器

1. 安装基本操作面板 BOP-2

G120 变频器的基本操作面板如图 2－19 所示。

安装基本操作面板 BOP-2 的步骤如下：

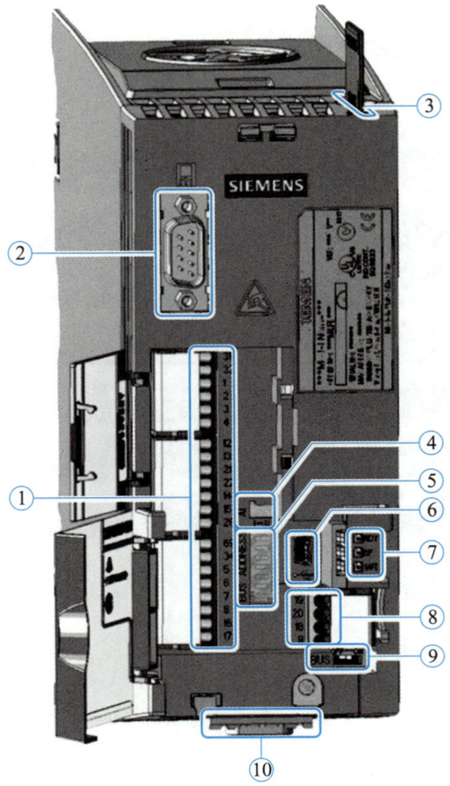

①端子排
②操作面板接口
③存储卡插槽
④模拟量输入开关
I：0/4～20mA
U：－10/0～10V
⑤选择总线地址：
PROFIBUS 、USS、Modbus RTU、CANopen
⑥USB 接口，用于连接 PC
⑦状态 LED　RDY　BF　SAFE
⑧端子排
⑨取决于现场总线　OFF ON
PROFIBUS、PROFINET：无功能
USS、Modbus RTU、CANopen：总线终端
⑩现场总线接口

图 2－17　内部结构

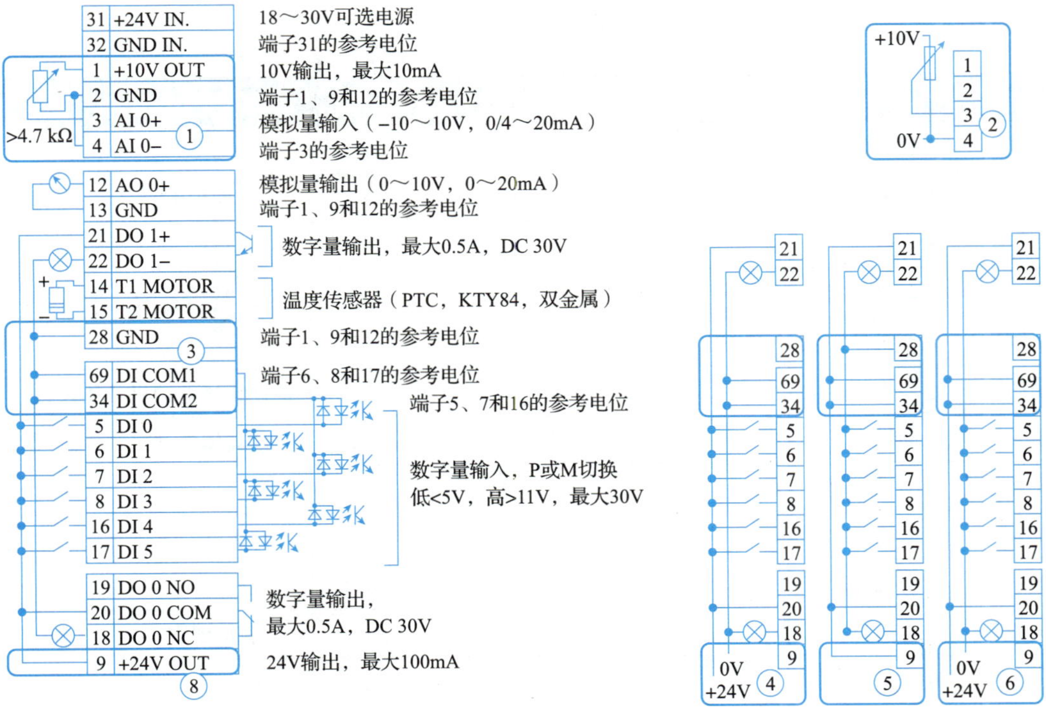

图 2－18　端子介绍

（1）拆下变频器的保护盖。

（2）将 BOP-2 外壳的下边缘安装在变频器外壳的下凹槽中。

（3）朝着变频器的方向推入 BOP-2，直到锁扣与变频器外壳卡死。

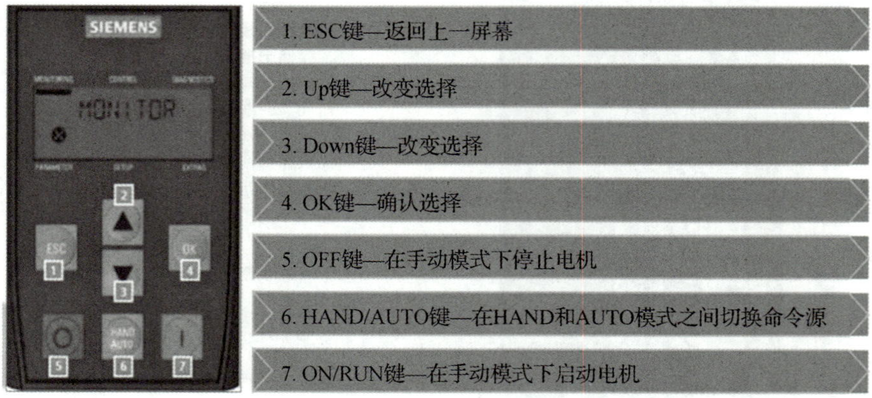

图 2－19　G120 变频器的基本操作面板

2. 使用基本操作面板 BOP-2 进行电动机起停控制

（1）将变频器外部线路连接好后通电。

（2）进行参数调试。

按“ESC”切换到菜单；切换到 SETUP 界面；点击“OK”，出现“RESET?”（是否复位参数）；选择“YES”。参数功能及设定值如表 2－3 所示。

表 2－3　参数功能及设定值

参数名称	参数功能	出厂值	设定值
P96	快速调试模式	1	1
P100	工作频率	0	0（选择 50Hz）
P210	输入电压	400V	400V
P300	电动机类型	1	1（出现“87Hz?”选择“NO”）
P304	电动机额定电压	400V	380V
P305	电动机额定电流	1.70A	根据具体电动机具体设置
P307	电动机额定功率	0.55kW	根据具体电动机具体设置
P310	电动机额定频率	50Hz	50Hz
P311	电动机额定转速	—	自动识别
P335	电动机冷却方式	0	0（自冷）
P501	电动机识别方式	0	0（静止识别）
P15	电动机宏选择	12	12

续表

参数名称	参数功能	出厂值	设定值
P1080	电动机最小转速	0r/min	0r/min
P1082	电动机最大转速	1 500r/min	1 500r/min
P1120	电动机上升时间	10s	0～10s
P1121	电动机下降时间	10s	0～10s
P1135	斜降时间	0	0
P1900	电动机数据检测和旋转电动机检测（电动机参数）	3	0

以上参数设置完毕后，界面出现“FINISH?”（是否完成），选择“YES”。

单元 2　习题

单元 3

工业变频器的安装与调试

变频器作为电力电子设备与数字控制设备，对其使用环境有一定的要求。本单元主要学习工业变频器的储存与安装；学习工业变频器布线要求及导线线径选择方法；学习变频器的抗干扰措施以及变频器的调试、保养和维护；学会正确安装变频器是合理使用变频器的基础，变频器各种参数的测量、日常维护时应注意的事项是正确使用变频器的关键。

学习目标

1. 掌握正确安装变频器的方法；
2. 了解变频器布线要求及导线线径选择方法；
3. 了解变频器产生谐波的原因；
4. 学会变频器的日常维护；
5. 掌握变频器的常见故障及处理方法。

任务 3.1　变频器的储存与安装

1. 变频器的储存要求

变频器的储存必须放置于包装箱内，储存时务必注意下列事项：

（1）必须放置于无尘垢、干燥的位置。

（2）储存位置的环境温度必须在－20～65℃范围内。

（3）储存位置的相对湿度必须在0%～95%范围内，且无结露。

（4）避免储存于含有腐蚀性气体、液体的环境中。

（5）最好对变频器进行适当包装并存放在架子或台面上。

（6）长时间存放变频器会导致变频器主回路中电解电容的劣化，所以必须保证变频器在 6 个月之内通一次电。

2. 变频器装设场所要求

变频器最好安装在室内，不要受阳光的直接照射。如果要在没有房屋的野外安装变频器，则需要加装防雨水、冰雹，防高温、低温的装置；如果在温度较低的室外安装变频器，则一定要考虑加热；如果变频器断续运行，则应该用恒温装置保持环境为恒温；如果变频器长期运行，则恒温装置应待机运行。

在比较潮湿的地区使用变频器时应加装除湿器；在野外运行的变频器还要加设避雷器，以免器件被雷击穿。

变频器要求所安装的墙壁不受振动，在不加装控制柜时，要求变频器安装在牢固的墙壁上，墙面材料应该是钢板或其他非易燃坚固材料。

综上所述，变频器装设场所应满足下述条件：

（1）应湿气少、无水浸入；

（2）无爆炸性、可燃性或腐蚀性气体和液体，粉尘少；

（3）应容易搬入安装，有足够的空间，便于维修检查；

（4）应备有通风口或换气装置，以排出变频器产生的热量；

（5）应与易受变频器产生的高次谐波和无线电干扰影响的装置分离；

（6）若把变频器安装在室外，必须单独按照户外配电装置设置。

3. 变频器安装使用环境要求

（1）环境温度。

变频器的工作环境温度一般为－10～40℃。当环境温度大于变频器规定的温度时，变频器要降额使用或采取相应的通风冷却措施。

（2）环境湿度。

变频器安装环境湿度在 40％～90％为宜。

（3）周围气体。

周围不可有腐蚀性、爆炸性或可燃性气体。

（4）振动。

设置场所的振动加速度多被限制在 0.3g～0.6g 以下。

（5）抗干扰。

为防止电磁干扰，控制线应有屏蔽措施，母线与动力线要保持不少于 100mm 的距离。

4. 变频器安装要求

为了保证变频器散热良好，必须将变频器垂直安装，因变频器内部装有冷却风扇以强制风冷，所以在变频器的上、下、左、右与其相邻的物品和挡板（墙）之间必须保持足够的空间。

（1）变频器墙挂式安装。

应用螺栓把变频器垂直安装在坚固的物体上。正面是变频器文字键盘，不要将变频器上下颠倒或平放安装。在变频器的周围要留有一定空间，上下 10cm 以上，左右 5cm 以上。因为变频器在运行过程中会产生热量，所以必须保持冷风畅通，具体安装如图 3－1 所示。

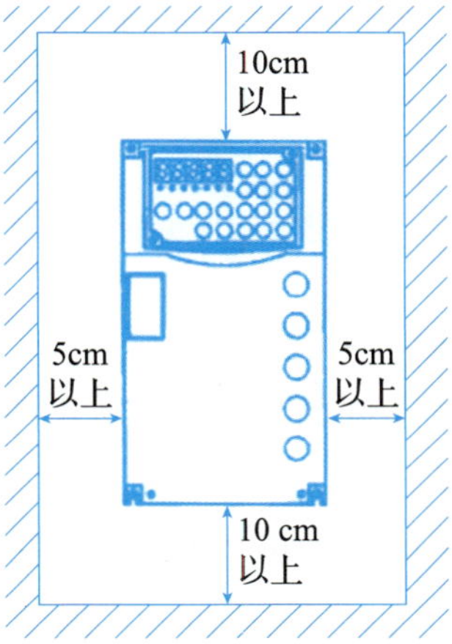

图 3－1　变频器墙挂式安装

（2）变频器在控制柜中安装。

变频器安装在控制柜中时，要在变频器的上方柜顶安装排风扇，不要在控制柜的底部安装吹风扇。例如，控制柜中安装多台变频器时，要横向安装，且排风扇安装位置要正确；尽量不要竖向安装，因为竖向安装会影响上部变频器的散热。变频器在控制柜中的安装方法如图 3－2 所示。多台变频器的安装方法如图 3－3 所示。

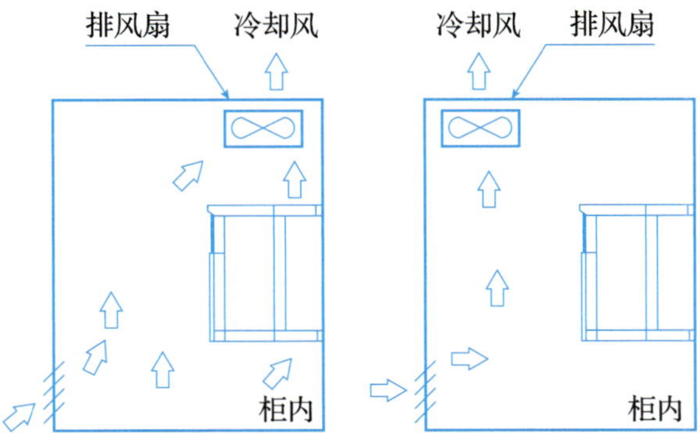

（a）正确安装方法　（b）错误安装方法

图 3－2　变频器在控制柜中的安装方法

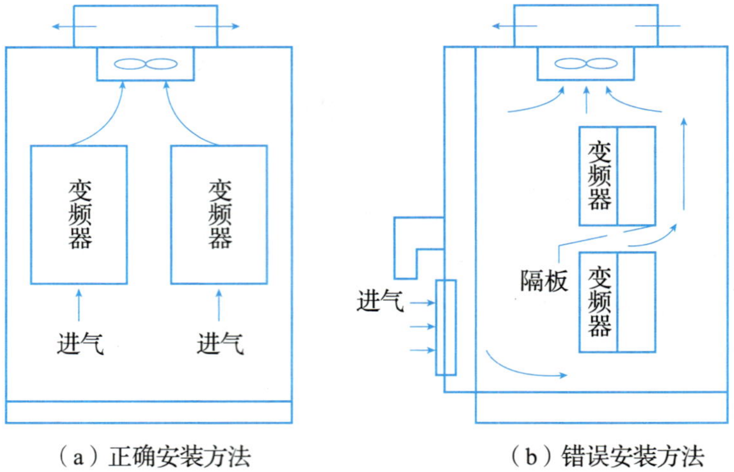

图 3-3 多台变频器的安装方法

综上所述，变频器安装要求总结如下：

- 把变频器用螺栓垂直安装到坚固的物体上，从正面可以看见变频器操作面板的文字位置，不要上下颠倒或平放安装。
- 变频器在运行中会发热，确保冷却风道畅通。由于变频器内部热量从上部排出，所以不要安装到不耐热的机器下面。
- 变频器在运转过程中，散热片附近的温度可上升到 90℃，变频器背面要使用耐温材料。
- 安装在控制柜中时，用将发热部分露于柜外的方法降低柜内温度，若不具备将发热部分露于柜外的条件，可装在柜内，但要注意充分换气，防止变频器周围温度超过额定值。

任务 3.2 变频器布线要求及导线线径选择方法

1. 变频器主回路和控制回路的布线要求

（1）主回路布线要求。

在对变频器主回路电缆进行选择时，必须考虑电流容量、短路保护、电缆压降等因素。首先，变频器主回路的输出与电动机之间的连接电缆尽量短，线路压降规定不能超过额定电压的 2%。接地回路电缆必须按电气设备技术标准所规定的方式施工，可具体参考变频器使用说明书。当变频器为独立单元型时，接地电缆要与变频器的接地端子连接；当变频器被设置在配电柜中时，要求与配电柜的接地端子或接地母线连接。根据电气设备技术标准，接地电缆必须用直径 6mm 以上的软铜线。

（2）控制回路布线要求。

变频器控制回路的控制信号均为微弱的电压、电流信号，因此，必须对控制回路采取适当的屏蔽措施。

1）主回路和控制回路的电缆要分离铺设，相隔距离按电气设备技术标准执行。

2）若存在干扰，控制回路的电缆要进行屏蔽，将电缆封入接地的金属管内；或者将电缆置入接地的金属通道内；又或者采用屏蔽电缆。

3）控制回路采用绞合电缆，因为控制回路均为弱电压、电流回路（4～20mA，1～5V）所以应该采用绞合线，绞合线的绞合间距要尽可能的小，并且都使用屏蔽铠装电缆。

2. 变频器主回路输入控制开关及主回路输出电缆导线线径选择

（1）变频器主回路输入电源控制开关及输出电缆导线线径的选择与同容量的普通电动机选择方法相同，按变频器的容量选择即可。

因输入侧功率因数较低，在选择变频器输出电缆导线线径时，应本着宜大不宜小的原则选择。若变频器与电动机之间的导线不是很长时，其线径可根据电动机的容量，按电流选取。

（2）在选择变频器输出电缆导线线径时，应考虑到当变频器工作时频率下降，输出电压也下降。在输出电流相等的条件下，若输出电缆导线较长（$L>20$m），低压输出时线路的电压降 ΔU 在输出电压中所占比例将上升，加到电动机上的电压将减小，因此低速时可能引起电动机发热。决定输出导线线径的主要因素是导线电压降 ΔU，对 ΔU 的一般要求为 $\Delta U \leqslant (2\sim3)\%U_x$，$U_x$ 是变频器在工作频段范围内的线路电压，即电动机的最高工作电压。

ΔU 的计算方法为：

$$\Delta U=\frac{\sqrt{3}I_NR_0L}{1\,000} \tag{3-1}$$

式中 I_N——电动机的额定电流，单位为 A；

R_0——单位长度导线电阻，单位为 MΩ/m；

L——导线长度，单位为 m。

【例 3-1】已知电动机参数：$P_N=30\text{kW}$，$U_N=380\text{V}$，$I_N=57.6\text{A}$，$f_N=50\text{Hz}$，$n_N=1\,460\text{r/min}$。变频器与电动机之间距离 30m，最高工作频率为 40Hz。要求变频器在工作频段范围内线路电压降不超过 2%，请选择导线线径。

解：已知 $U_N=380\text{V}$，则

$$U_x=U_N\times\frac{f_{max}}{f_N}=380\times\frac{40}{50}=304(\text{V})$$

$$\Delta U\leqslant 304\times 2\%=6.08(\text{V})$$

根据式（3-1），解得

$$R_0\leqslant 2.03(\text{M}\Omega)$$

故应选截面积为 10.0mm^2 的导线。

（3）在选择变频器控制回路中电缆导线线径时，由于其控制回路通过的电流很小，一般不进行线径计算。考虑到导线的强度和连接要求，一般选用截面积为 0.75mm^2 及以下的屏蔽聚乙烯绞线。

3. 变频器与外围设备之间的布线要求

变频器的输出端子 U、V、W 连接交流电动机时，输出的是与正弦交流电等效的高频脉冲调制波。所以，当外围设备与变频器共用一供电系统时，必须要在输入端安装噪声滤波器，或将其他设备用隔离变压器或电源滤波器进行噪声隔离。

当外围设备与变频器装在同一控制柜中且布线又很接近变频器时，可采取以下方法抑制变频器干扰：将易受变频器干扰的外围设备及信号线远离变频器安装；信号线使用屏蔽电缆线，屏蔽层接地；将信号电缆线套入金属管中；信号线穿越主电源线时确保正交；在变频器的输入输出侧安装无线电噪声滤波器或线性噪声滤波器（铁氧体共模扼流圈）；滤波器的安装位置要尽可能靠近电源线的入口处，并且滤波器的电源输入线在控制柜内要尽量短；变频器到电动机的电缆要采用 4 芯电缆并将电缆套入金属管，其中一根的两端分别接到电动机外壳和变频器的接地侧；要避免信号线与动力线平行布线或捆扎成束布线；易受影响的外围设备应尽量远离变频器安装；易受影响的信号线尽量远离变频器的输入输出电缆；当操作台与控制柜不在一处或具有远方控制信号线时，要对导线进行屏蔽，并特别注意各连接环节，以避免干扰信号串入；接地端子的接地线要粗而短，接点接触良好，必要时采用专用接地线。

任务 3.3　变频器的抗干扰措施

1. 变频器产生干扰的原因

变频器的输入侧为整流回路，它具有非线性，会使输入电源的电压、电流波形发生畸变。另外，在配电网络中常接有功率因数补偿电容器及晶闸管整流装置等，当变频器同时接入配电网络中，变频器中的晶闸管在换相时，将造成变频器输入电压波形畸变。当电容投入运行时，也会造成电源电压畸变。而且配电网络三相电压不平衡也会使变频器的输入电压、电流波形发生畸变。

另外一个原因是变频器输出电压波形为 SPWM 波，调制频率一般为 2～16kHz，内部的功率器件工作在开关状态，必然产生干扰信号向外辐射或通过线路向外传播，影响其他电子设备的正常工作。

具体来说，当配电网络电网三相电压不平衡时，变频器的输入电压、电流波形都将发生畸变。当配电网络中接有功率因数补偿电容器及晶闸管整流装置等，变频器与之同处于一个配电网络中，配电网中补偿电容投入或晶闸管换相时，将造成变频器输入电压波形发生畸变，如图 3-4 和图 3-5 所示。

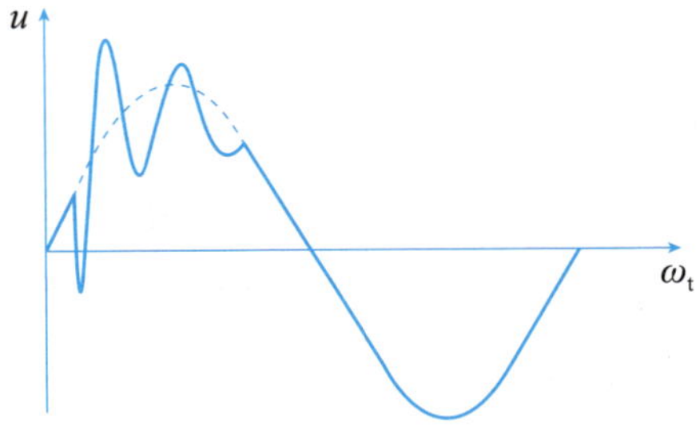

图 3-4　补偿电容投入时的异常电压

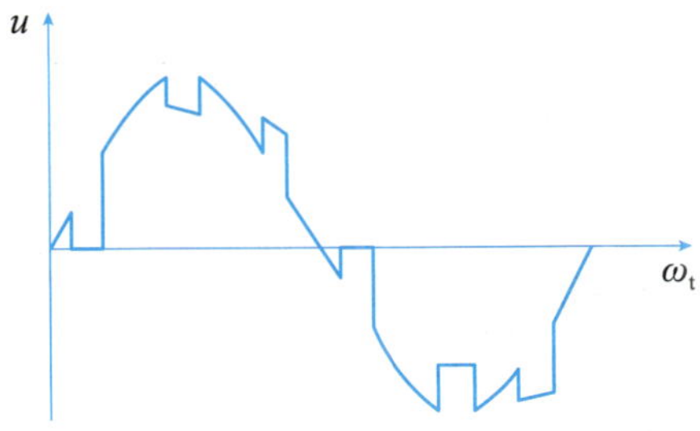

图 3-5　晶闸管换相时的异常电压

另外，值得注意的是，当交-直-交电压型变频器接入配电网络，三相电压通过三相全波整流电路整流后向电解电容 C 充电时，其输入电流波形取决于整流电压和电容电压之压差。充电电流使三相交流电流波形在原来基波分量的基础上叠加了高次谐波，使输入电流波形发生了畸变。

2. 防止配电网络对变频器产生干扰的措施

当变频器的容量较大时，需要单独配置供电变压器。当配电变压器容量非常大，且变压器容量大于变频器容量 10 倍以上时，可在变频器输入侧加装交流电抗器。当配电网络有功率因数补偿电容或晶闸管整流装置，在变频器交流侧连接有交流电抗器时，为了防止发生谐振现象，在补偿电容前应串接适当数值的电抗器。

（1）配电变压器容量非常大的情况。

当变频器配置的供电变压器容量大于 500kV·A，或变压器容量大于变频器容量 10 倍以上时，在变频器输入侧加装交流电抗器 AL，如图 3－6 所示。

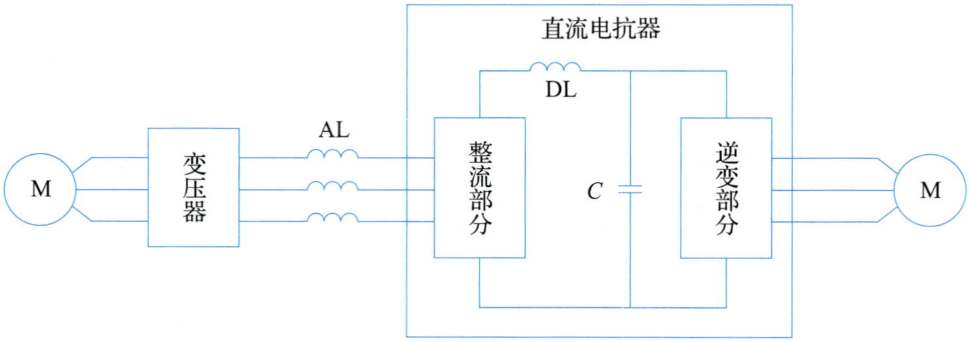

图 3－6　在变频器输入侧加装交流电抗器 AL

（2）电源三相电压不平衡的情况。

当配电变压器输出电压三相不平衡，且其不平衡率大于 3%时，变频器输入电流的峰值很大，会造成连接变频器的电线过热，或者变频器过压或过流，或者损坏二极管及电解电容。此时，需要加装交流电抗器。特别是变压器是 Y 形接法时更为严重，除在变频器交流侧加装电抗器外，还需在直流侧加装直流电抗器。

（3）配电变压器接有功率因数补偿电容或晶闸管整流装置的情况。

当配电网络有功率因数补偿电容或晶闸管整流装置时，变频器输入电流峰值变大，加重了变频器中整流二极管的负担。若在变频器交流侧加装交流电抗器，变频器产生的谐波电流输给补偿电容及配电系统。当配电系统的电感与补偿电容发生谐振呈现最小阻抗时，其补偿电容和配电系统将呈现最大电流，使变频器及补偿电容都受损。在补偿电容前串接一个电抗器，对 5 次以上的高次谐波来说，电路呈现感性，可以避免谐振现象的产生。

3. 变频器对其他设备的干扰

变频器的输出侧也存在波形畸变，即存在高次谐波，且高次谐波的功率较大。这样变频器就成为一个强有力的干扰源，其干扰途径与一般电磁干扰一致，分为辐射、传导、电磁耦合、二次辐射等，如图 3－7 所示。

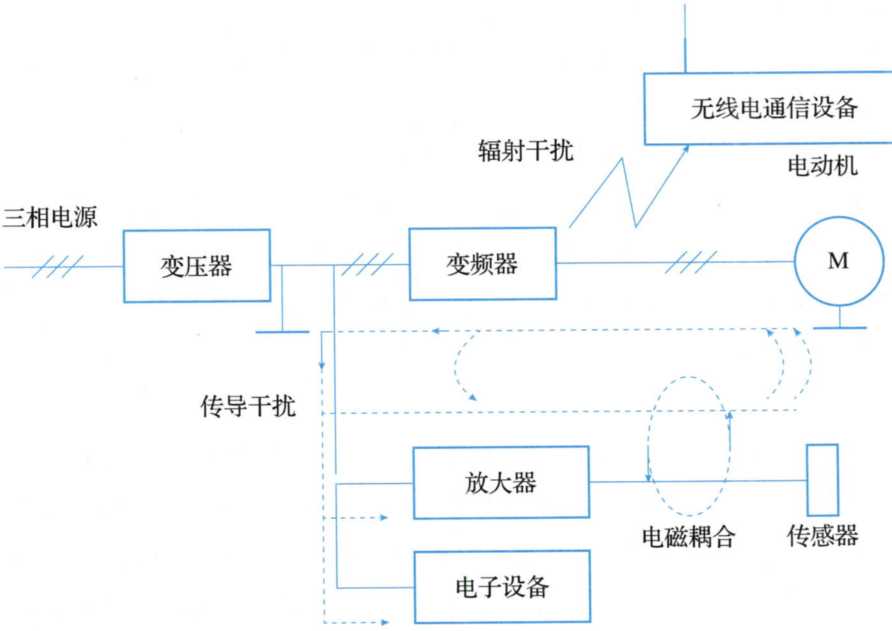

图 3-7　高次谐波的干扰途径

变频器产生的高次谐波的干扰途径具体是：一是辐射干扰，它对周围的电子接收设备产生干扰；二是传导干扰，使直接驱动的电动机产生电磁噪声，增加铁损和铜损，使温度升高；三是在传导的过程中，与变频器输出线平行敷设的导线会产生电磁耦合，形成电磁干扰；四是二次辐射会对电源输入端所连接的电子设备产生影响造成误动作。

为防止干扰，除在变频器内部采取一些抗干扰措施外，还应在安装接线方面采取以下策略：

（1）变频系统的供电电源与其他设备的供电电源尽量相互独立，或在变频器和其他用电设备的输入侧安装隔离变压器，切断谐波电流。

（2）为了减少对电源的干扰，可以在输入侧安装交流电抗器和输入滤波器（要求高时）或零序电抗器（要求低时）。滤波器必须由 LC 电路组成。零序电抗器的连接因变频器的容量不同而异，小容量时每相导线按相同方向绕 4 圈以上；大容量时，若导线太粗不好绕，则将 4 个电抗器固定在一起，三相导线按相同方向穿过内孔即可。

（3）为了减少电磁噪声，可以在输出侧安装输出电抗器，可以单独配置或同时配置输出滤波器。输出滤波器虽然也是由 LC 电路构成的，但与输入滤波器不同，不能混用。如果将其接错，则有可能造成变频器或滤波器的损伤。

（4）变频器本身用铁壳屏蔽为好，电动机与变频器之间的电缆应穿钢管敷设或用铠装电缆，电缆尺寸应保证在输出侧最大电流时电压降为额定电压的 2%以下。

（5）弱电控制线距离主电路配线至少 100mm 以上，绝对不能与主回路放在同一行线槽内，以避免辐射干扰，相交时要成直角。

（6）控制回路的配线，特别是长距离的控制回路的配线，应该采用双绞线，双绞线的绞合间距应在 15mm 以下。

（7）为防止各路信号的相互干扰，信号线以分别绞合为宜。

（8）如果操作指令来自远方，需要的控制线路配线较长时，可采用中间继电器控制。

（9）接地线除可防止触电外，对防止噪声干扰也很有效，所以务必可靠接地。接地必须使用专用接地端子，并用粗短线接地，不能与其他接地端共用接地端子。

（10）模拟信号的控制线必须使用屏蔽线，屏蔽线的屏蔽层一端接在变频器的公共端子（如 COM）上，另一端必须悬空。

变频器的输出电压波形为 SPWM 波。由于变频器中产生 SPWM 波的逆变部分是通过高速半导体开关来产生控制信号的，这种具有陡变沿的脉冲信号会产生很强的电磁干扰，尤其是输出电流，它们将以各种方式把自己的能量传播出去，形成对其他设备的干扰信号。因此，变频器的生产厂家为用户制造了一些专用设备，来抑制变频器产生的电磁干扰，以达到质量检测标准并确保设备安全运行。

此外，变频器输出的具有陡变沿的驱动脉冲包含多次高频谐波，而变频器与电动机之间的连接电缆存在杂散电容和电感，并受某次谐波的激励而产生衰减振荡，造成传送到电动机输入端的驱动电压产生过冲现象。同时电动机绕组也存在杂散电容，过冲电压在绕组中产生尖峰电流，使其在绕组绝缘层不均匀处引起过热，甚至烧坏绝缘层而导致损坏，并且会增加电源的功率损耗。如果逆变器的开关频率位于听觉范围内，电动机还会产生噪声污染。

【例 3 - 2】 三相五线制供电接地错误，如图 3 - 8 所示。

故障现象：变频器开机一直运转，按停止按钮不起作用。

故障原因分析：经检查发现变频器的地线只与变压器的中性线相连接，而变压器的中性线没有连接到大地。个别用户不重视地线的连接。按照行业标准，地线与中性线是严格分开的，配电柜里中性线有专用接线端子，地线有专用接地螺钉。不按标准要求操作是造成干扰的主要原因。

故障处理：由于该用户从变压器引过来三根相线和一根中性线，只把中性线接到“E”端子上，而地线没有和中性线相连。虽说控制线使用了屏蔽线，屏蔽层也接到了接地螺钉，但因没有和大地相连，起不到屏蔽作用，导致变频器因干扰而失控。将变压器的中性线接地，变频器地线接地，变频器工作正常。

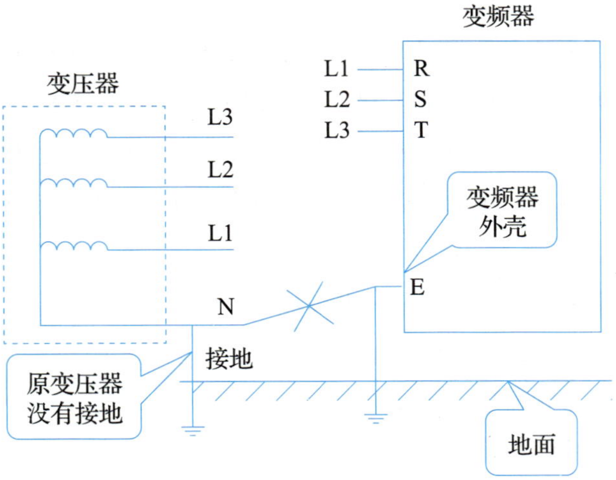

图 3-8　例 3-2 图

【例 3-3】 电动机偶尔停不下来，如图 3-9 所示。

故障现象：经检查屏蔽层接地正确良好，降低载波频率不起作用。变频器输入侧及输出侧加磁环滤波器不起作用。

故障原因分析：安装变频器的配电柜与动力配电室相距太近，配电室、配电柜有大电流流过时，在电流周围有较强的磁场，干扰了变频器正常工作。

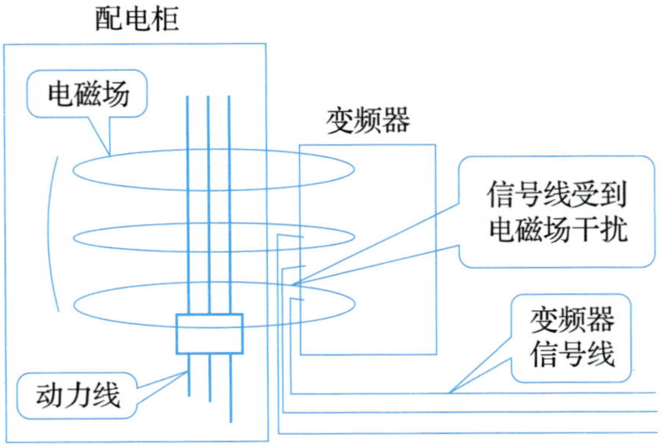

图 3-9　例 3-3 图

故障处理：把配电柜远离配电室后立即恢复正常，这属于外界设备对变频器产生了干扰。

【例 3-4】 印刷机干扰故障判断与排除。

故障现象：一台印刷机用变频器进行改造，3.7kW 主电动机和 1.5kW 送纸电动机改用变频器调速。当主电动机变频器单独运行时，印刷机设备工作正常；当主电动机变频器与送纸机变频器同时运行时，报“过流”故障。经销商技术员到现场处理了一天也没有调好，认定为变频器有问题，要求退货。

故障原因分析：厂家技术员到现场后，观察印刷机变频器的运行状况，发现主电动机变频器和送纸机变频器单独运行时都正常，就是在主电动机变频器与送纸机变频器同步运行时报“过流”故障。这台印刷机的所有动作都是通过接触器、继电器控制工作，检查印刷机设备没有接地，变频器的接地端接在了印刷机上，初步判断是干扰问题。

故障处理：

①把所有控制线更换成屏蔽线，并套上磁环；

②在变频器输入输出电源线上套上磁环；

③把印刷机设备和变频器独立接地。

采取以上措施后，故障排除，设备恢复正常。

任务 3.4 变频器的调试、保养和维护

3.4.1 变频器的调试

1. 变频器调试前的准备

变频器调试的原则是先空载、继轻载、后重载。变频器在通电调试前要进行外观、构造和绝缘电阻的检查，应当注意的是尽量不要用绝缘电阻表测试；万不得已时，要按以下要领进行测试。

（1）准备 500V 绝缘电阻表。

（2）全部卸开主回路、控制回路等端子座和外部电路的连接线。

（3）用公共线连接主电路端子 R、S、T、DB、P1、P、N、U、V、W，将变频器与绝缘电阻表相连接，如图 3－10 所示。

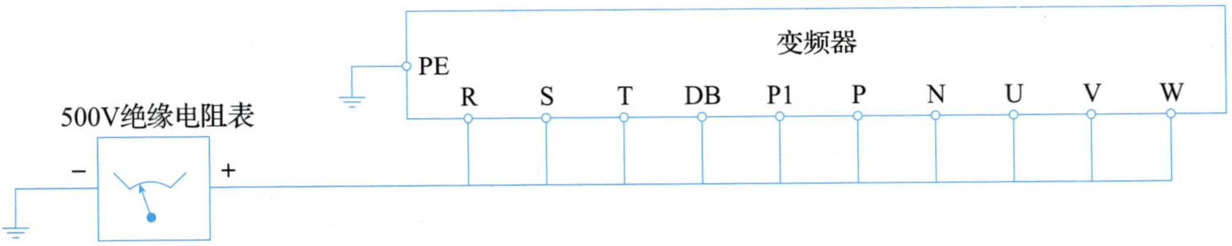

图 3－10 变频器与绝缘电阻表接线图

（4）用绝缘电阻表测试，仅在主电路公用线和大地（接地端子 PE）之间进行。

（5）然后对变频器控制回路进行检查，注意不能用绝缘电阻表对控制回路进行测试。测试仪器只能用高阻量程万用表。测试步骤如下：

1）全部卸开控制回路端子的外部连接。

2）进行对地之间回路测试，测量值应在 1MΩ 以上。

3）用万用表测试接触器、继电器等控制电路的连接是否正确。

2. 变频器的空载试验

将变频器的输出端与电动机相接，电动机不带负载。主要测试以下项目：

（1）进行基本的运行观察。

旋转方向是否正确，控制电路工作是否正常；通过逐渐升高运行频率，观察电动机运行是否正常，是否灵活，有无杂音；运转时有无振动现象，是否平稳等；升、降速时间是否与预设的时间相符等。

（2）电动机参数的自动检测。

自动检测电阻、电抗、空载电流等动态参数。

（3）熟悉变频器的基本操作。

熟悉起动、停止、升速、降速和点动等基本操作。

3. 变频器的负载试验

将电动机与负载连接起来进行试验。

（1）低速运行试验。

电动机应该满载，并在该机械所要求的最低转速下运行一段时间。主要测试的项目如下：

1）电动机的起动。

如果在频率很低时，电动机不能很快旋转起来说明起动困难，应适当增大电压频率比或增大起动频率。

观察在起动过程中的电流变化。若因电流过大而跳闸，则应适当延长升速时间；若机械对起动时间并无要求，则最好将起动电流限制在电动机的额定电流以内。

观察整个起动过程是否平稳。对于惯性较大的负载，应考虑是否需要预置 S 形升速，或在低速时是否需要预置暂停升速功能。

对于风机，应观察在停机状态下风叶是否因自然风而反转。若有反转现象，则应预置起动前的直流制动功能。

2）停机试验。

在停机试验过程中，应切换至直流电压显示，观察在降速过程中直流电压是否过高。若因电压过高而跳闸，则应适当延长降速时间；若降速时间不宜延长，则应考虑接入制动电阻和制动单元。

3）低速试验。

观察当频率降至 0Hz 时，机械是否有“爬行”现象，并了解该机械是否允许爬行。若需要制止爬行，则应考虑预置直流制动功能。

在负载所要求的最低转速时带额定负载，并长时间运行，观察电动机的发热情况。若发热严重，则应考虑增加电动机的外部通风装置。

（2）全速起动试验。

将给定频率设定在最大值，按“起动”按钮，使电动机的转速从零一直上升至生产机械所要求的最大转速，观察以下情况。

1）起动是否顺利——电动机的转速是否从一开始就随频率的上升而上升。如果在频率很低时，电动机不能很快旋转起来，说明起动困难，应适当增大 U/f 值或起动频率。

2）起动电流是否过大——将显示屏内容切换至电流显示，观察在起动全过程中的电流变化。若因电流过大而跳闸，则应适当延长升速时间；若机械对起动时间并无要求，则最好将起动电流限制在电动机的额定电流以内。

3）观察整个起动过程是否平稳——观察是否在某一频率时有较大的振动。若有，则将运行频率固定在发生振动的频率以下，以确定是否发生机械谐振，以及是否有预置回避频率的必要。

4）停机状态下有无自行反向旋转的现象——对于风机，还应观察在停机状态下，风叶是否因自然风而反转。若有反转现象，则应预置起动前的直流制动功能。

（3）全速停机试验。

注意观察以下内容：

1）直流电压是否过高——观察在整个降速过程中直流电压的变化情形。若因电压过高而跳闸，则应适当延长降速时间。若降速时间不宜延长，则应考虑加入直流制动功能，或接入制动电阻和制动单元。

2）拖动系统能否停住——当频率降至 0Hz 时，机械是否有“爬行”现象，并了解该机械是否允许爬行。若需要制止爬行，则应考虑预置直流制动功能。

（4）全速运行试验。

把频率升高至与生产机械所要求的最高转速相对应的值，运行 1～2h，并观察以下内容：

1）电动机的带载能力——电动机带负载高速运行时，观察当变频器的工作频率超过额定频率时，电动机能否带动该转速下的额定负载。

2）机械运转是否平稳——主要观察生产机械在高速运行时是否有振动现象。

如果上述高、低频运行状况不够理想，可考虑通过适当增大传动比，以减轻电动机负载的可能性。

3.4.2 变频器的保养和维护

1. 变频器定期检查的项目

变频器定期检查的项目如下：

（1）输入、输出端子和铜排是否因过热而变色、变形；

（2）控制回路端子螺钉是否松动，若松动，用螺钉旋具拧紧。输入 R、S、T 与输出 U、V、W 端子座是否有损伤；

（3）R、S、T 和 U、V、W 与铜排连接是否牢固，若松动，用扳手拧紧；

（4）主回路和控制回路端子绝缘是否满足要求；

（5）电力电缆和控制电缆有无损伤和老化变色；

（6）污损的地方，用抹布沾上中性化学剂擦除粉尘，保持变频器散热性能良好；

（7）对长期不使用的变频器，应进行定期充电试验；

（8）变频器的绝缘测试。

2. 变频器零件更换的时间

（1）冷却风扇使用 3 年应更换。

（2）直流滤波电容器使用 5 年应更换。

（3）电路板上的电解电容使用 7 年应更换。

（4）其他零部件根据情况适时进行更换。

由于变频器输入、输出电压或电流中均含有不同程度的谐波分量，用不同类别的测量仪器仪表会测量出不同的结果，并有很大差别，甚至是错误的。因此，在选择测量仪表时应区分不同的测量项目和测试位置，选择不同的测试仪表，如表 3－1 所示。变频器主电路的测量电路如图 3－11 所示。

表 3－1　主电路测量推荐使用的仪表

测量项目	测量位置	测量仪表	测量值基准
电源侧电压 U_1 和电流 I_1	R—S、S—T、T—R 间的电压和 R、S、T 中的电流	电磁式仪表	变频器的额定输入电压和电流
电源侧功率 P_1	R、S、T	电动式仪表	$P_1=P_{11}+P_{12}+P_{13}$（三功率表法）
输出侧电压 U_2	U—V、V—W、V—U 间的电压	整流式仪表	各相间的差应在最高输出电压的 1%以下
输出侧电流 I_2	U、V、W 中的线电流	电磁式仪表	各相间的差应在变频器额定电流的 10%以下
输出侧功率 P_2	U、V、W 和 U—V、V—W	电动式仪表	$P_2=P_{21}+P_{22}$（二功率表法或三功率表法）
整流器输出	IX：DC^+ 和 DC^- 之间	磁电式仪表	$1.35U_1$，再生时最大为 950V（390V 级），仪表机身 LED 显示发光

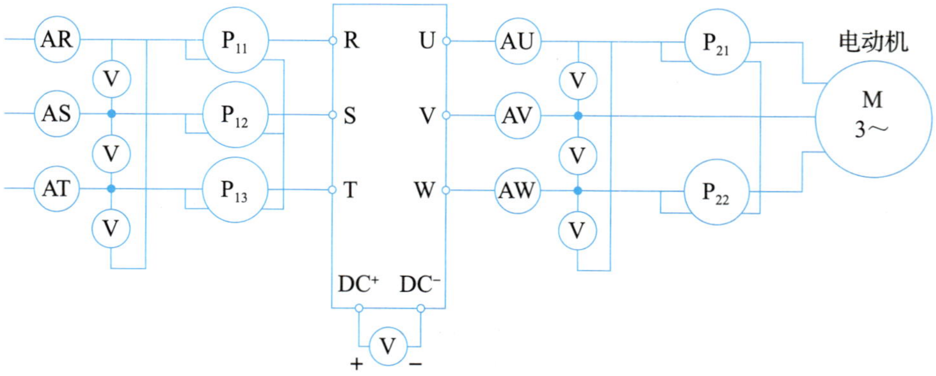

图 3－11　变频器主电路的测量电路

3.4.3　变频器的常见故障诊断与事故处理

1. 变频器的常见故障

（1）过电流故障。

故障诊断：可能是短路、接地、过载、负载突变、加/减速时间设定太短、转矩提升量设定不合理、变频器内部故障或谐波干扰大等。

（2）过电压故障。

故障诊断：电源电压过高、制动力矩不足、中间回路直流电压过高、加/减速时间设定太短、电动机突然甩负载、负载惯性大、载波频率设定不合适等。

（3）欠电压故障。

故障诊断：电源电压偏低、电源断相、在同一电源系统中有大起动电流的负载起动、变频器内部故障等。

（4）变频器过热故障。

故障诊断：负载过大、环境温度高、散热片吸附灰尘太多、冷却风扇工作不正常或散热片堵塞、变频器内部故障等。

（5）变频器过载、电动机过载故障。

故障诊断：负载过大或变频器容量过小、电子热继电器保护设定值太小、变频器内部故障等。

2. 变频器跳闸事故的处理

（1）电源故障处理。

“欠电压”和“过电压”显示，待电源恢复正常后即可重新起动。

（2）外部故障处理。

若输入信号断路，输出线路断路、断相、短路、接地或绝缘电阻很低，电动机故障或过载等，经排除故障后，即可重新起动。

（3）内部故障处理。

若内部风扇断路或过热、熔断器断路、器件过热、存储器错误等，可切换至工频运行，避免影响生产；待内部故障排除后，即可恢复变频运行。

（4）功能参数设置不当的处理。

修改功能参数，重新起动即可解决。

单元 3　习题

单元4 工业变频器的应用分析

本单元主要学习工业变频器在中央空调、锅炉控制系统及印染机械多电动机同步调速系统中的应用。通过学习，学生可以进一步掌握工业变频器的调速原理、设置方法及不同应用系统不同的参数设置要求，重点了解工业变频器在实际控制系统中的应用和工业变频器控制的优势。

学习目标

1. 空调中变频器的使用要求及功能；
2. 工业锅炉燃烧过程中变频调速系统的原理及应用；
3. 印染机械多电动机同步调速系统的原理及应用。

任务 4.1 工业变频器在空调中的应用

4.1.1 集中变频空调控制系统介绍

为了保证产品质量，纺织厂要求具有一定温度、湿度，纺线才不会断。集成电路生产厂、医药厂、食品厂要有一定洁净度，才能生产出合格的产品。这些厂都要采用集中空调，但空调的环境空气温度是随春、夏、秋、冬四个季节变化的，而且用空调送风的房间也不一样，所以世界上比较先进的国家都采用变风量空调，以达到节能的目的。变风量空调可以通过变频器改变风机电动机的转速来调节风量，同时还可调节冷水泵控制送风温度。集中空调风量调节示意图如图 4－1 所示。

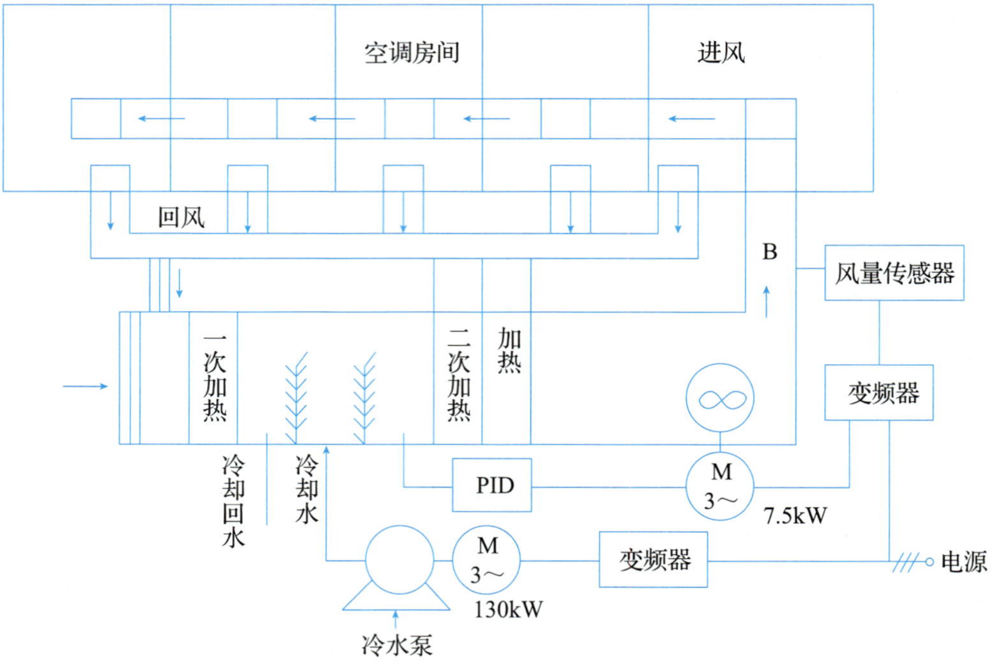

图 4－1　集中空调风量调节示意图

空调机将外面的新鲜空气吸入，进行过滤、冷热交换后送到楼房内。用变频器对空调机的送风机进行风量控制，可以达到节能的目的。吸入的新鲜空气由空调机冷却或加热后，通过送风机送入室内。由于所需要的空气量随楼内的人数及昼夜大气温度的变化而不同，所以与此相应地对风量进行调节可以减少选风机的能耗并调整空调机的热负载。在人少的时间，如周末、节假日，需风量小。因此按适当的运行模式改变送风机的转速，控制送风量，不仅可以减少送风机的能耗，还可以减轻暖气时锅炉的热负载和冷气时制冷机的热负载。热负载的变动会引起冷水循环量的增加或减少，但任其压力变化或只调节出水阀会造成很大的压力损失，使效率变低。

如果对冷水泵进行转速控制，以保持最佳压力，就可以防止发生因压力损失导致的效率低下，达到节能的效果。根据这个目的，对已有的冷水泵进行调整控制时，变频器控制方式比其他调速方式更容易，也更经济。

送风机通常只由工频电源恒速运转，设有风门控制进风量，节能很少。引入变频器后，作为备用，保留了常规由工频电源运转的旁路系统。变频器根据 PID 调节器的信号进行速度调节，冷水泵用压力进行 PID 调节。

如果某楼房用作商店或办公室，楼内人员以一星期为周期随时间段的不同而变化。如图 4－2 所示，按平时、星期六、星期天与节假日分为三个运行模式，送风机的进风量根据二氧化碳浓度等环境标准来确定其最少必需量。

现有设备的送风机由于设计时留有一定裕量，因此按高速时 86%、中速时 67%、低速时 57%的进风量（转速）来设定。

节能效果：送风机能耗减少，暖气时锅炉的热负载以及冷气时制冷机的热负载减小，用变频器控制电动机转速来调节进风量，由于所需轴功率与转速的三次方成比例减小，输入电能也相应地减少。按图 4－2 所示的运行模式计算接入变频器后的电能消耗将降低。

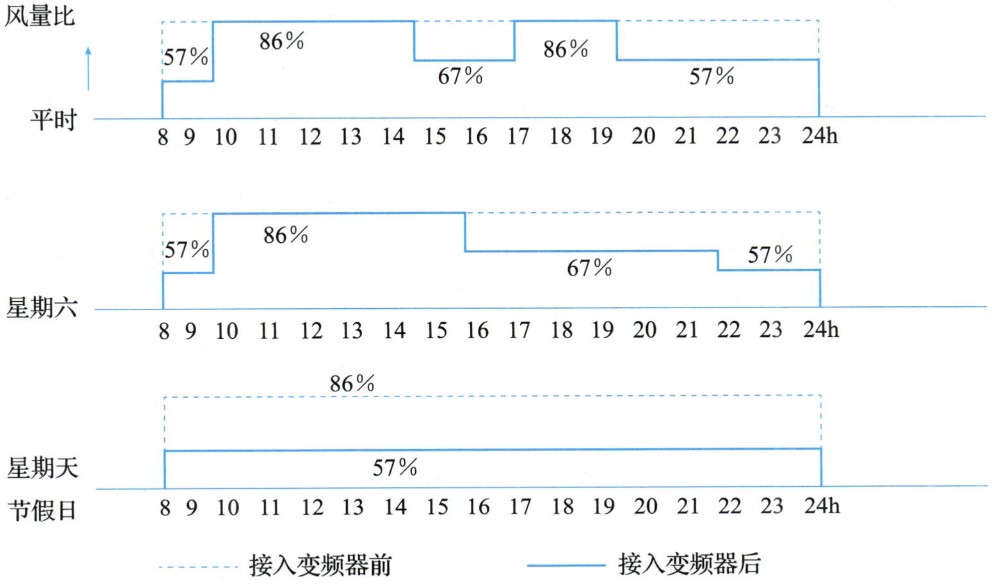

图 4－2　运行模式

另外，对于这种系统，实际扬程对全扬程的比率越小，节能效果越大。这里所介绍的示例的比率约为 50%。阀门控制与调速控制的能量额定值与电动机输入功率额定值的关系曲线如图 4－3 所示。

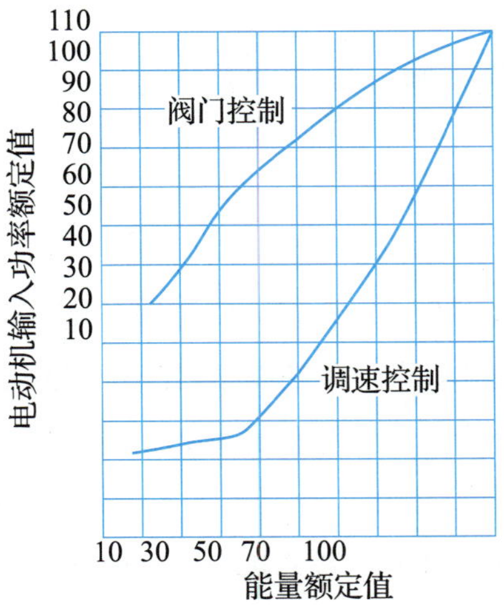

图 4－3　阀门控制与调速控制的能量额定值与电动机输入功率额定值的关系曲线

4.1.2 变频器在家用空调控制系统中的应用

家用空调有移动式、窗台式和分体式。分体式空调可分为一个房间、二个房间、三个房间用的。

1. 笼型电动机带动压缩机来调节冷暖气时存在的问题

（1）根据地区气候、房屋的朝向等估算一年中最大负载，从而选择适当的空调机比较困难。

（2）由于是 ON/OFF 方式运行的，室内温度和湿度会发生波动，引起不舒适感。

（3）在 50Hz/60Hz 地区会产生较大差别。

（4）压缩机电动机在起动时有很大的冲击电流，因此需要比连续运行时更大的电源容量。

（5）由于压缩机转速恒定，外面温度变化会引起冷暖空调能力的变化（特别在暖气运行时，外面气温下降会导致暖气效果下降，这是很大的弱点）。

将变频器应用于房间空调可连续地控制笼型电动机的转速，可解决上述问题。变频器控制框图如图 4-4 所示。

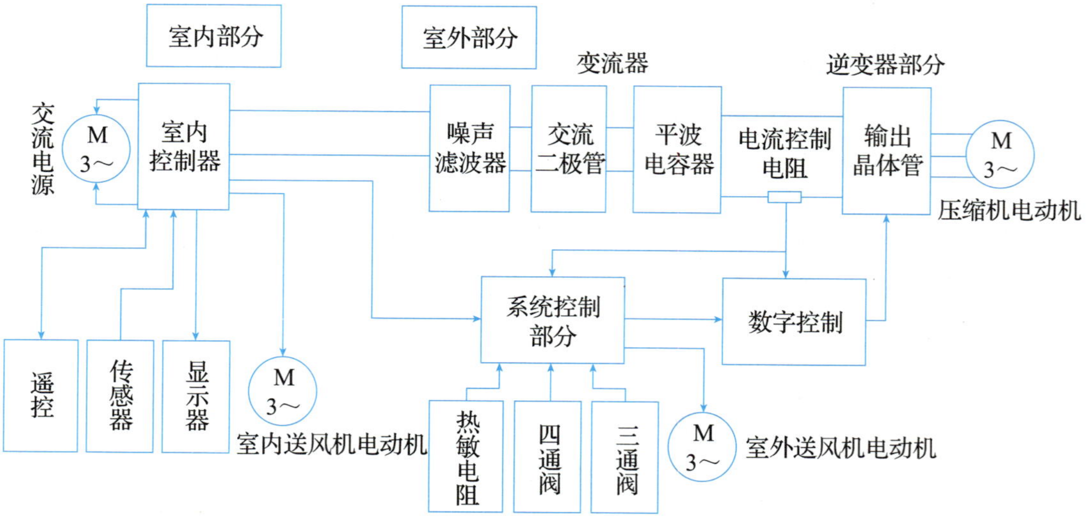

图 4-4 变频器控制框图

室内部分以室内控制器为中心，由遥控、传感器、显示器和送风机电动机驱动回路组成。温度和湿度数据及运行模式等设定条件以序列信号的形式送往室外部分。

室外部分以系统控制部分为中心，由整流单元、逆变单元、电流传感器、室外送风机电动机及阀门控制部分组成。

房间空调的室内部分备有室温传感器，并将设定温度和运行情况等信息传送给室外部分。室外部分则分析这些信息，了解温差与室温变化的时间等，然后计算并指定压缩机电动机的频率。开始运行时，如果室温与设定温度差别很大，采用高频运行，随着温度差的减小采用低频运行。另外，在室温急剧变化时使频率也大幅度变化，缓慢变化时使频率小范围变化，并在平衡冷暖气负载与压缩机输出的同时，以最短时间使室温达到期望值。

2. 使用变频器控制空调的效果

（1）利用变频控制节能。房间空调一年的运行模式基本上是在轻负载下运行的。变频器的容量控制在负载减小时使压缩机能力下降，以此来保持与负载的平衡。

（2）压缩机 ON/OFF 损耗减少。由于使用变频器控制的空调可用变频来对应轻负载，所以可减少压缩机开停次数，使制冷回路的制冷剂压力变化引起的损耗减少。

（3）舒适性得到改善。与通常的热泵空调相比，装上变频器后，在室外气温下降、负载增加时压缩机转速增大，能提高暖气效果。

（4）消除 50Hz/60Hz 地区的能力差。由于变频器控制的空调在原理上是先将交流转变为直流再产生交流，所以与 50Hz/60Hz 的地区差无关，始终具有最大能力。

（5）起动电流减小。由变频器控制的空调在起动压缩机时，选择较低电压及频率来抑制起动电流，并获得所需起动转矩，防止预定导通电流的增加。

任务 4.2　工业锅炉燃烧过程的变频调速系统

工业锅炉根据采用的燃料不同，通常分为燃煤、燃油和燃气三种。这三种锅炉的燃烧过程控制系统基本相同，只是燃烧量的调节手段有所区别。对工业锅炉燃烧过程实现变频器调速主要是通过变频器调节送风机的送风量、引风机的引风量和燃料进给量。下面以 20t 燃煤蒸汽锅炉为例介绍变频器的应用。

4.2.1　燃煤蒸汽锅炉燃烧过程

由于蒸汽锅炉的过程控制系统包括汽包水位控制系统和燃烧过程控制系统，两个系统在锅炉运行过程中互相耦合，所以控制起来非常困难。本书以燃烧过程控制系统为例来介绍变频器的应用，暂不考虑两个系统间的耦合。

图 4－5 所示为蒸汽锅炉燃烧过程系统原理图。在图 4－5 中，FT 表示流量传感器，

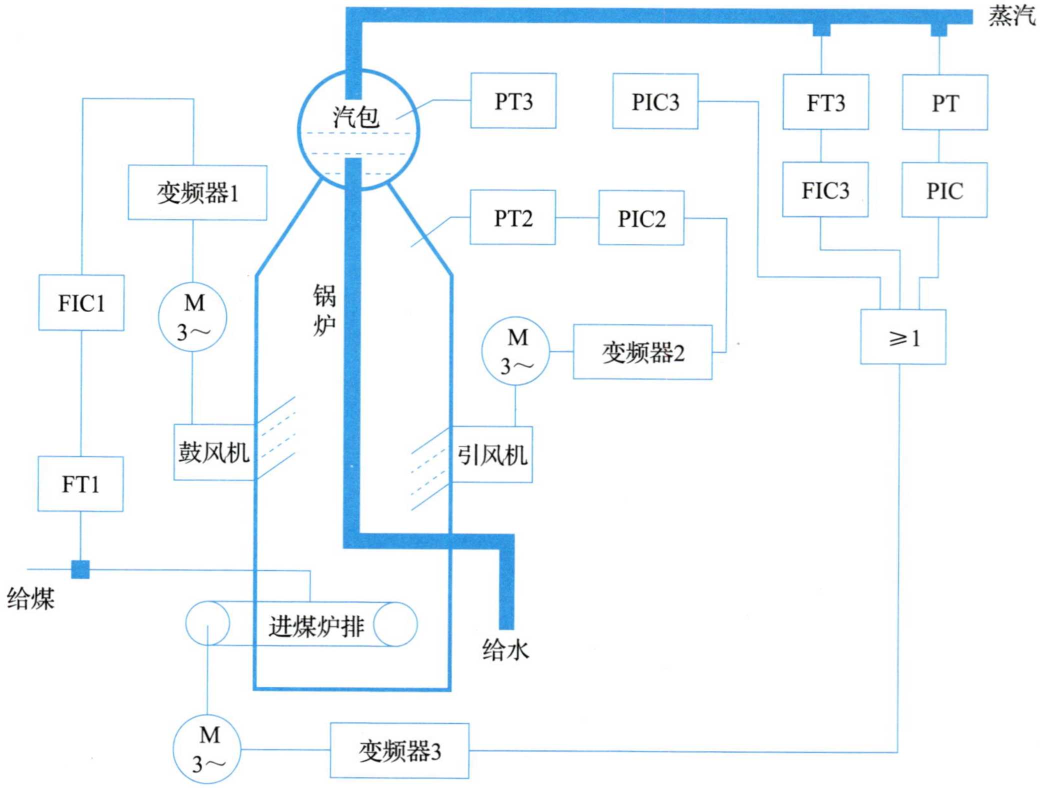

图 4－5　蒸汽锅炉燃烧过程系统原理图

FIC 表示流量控制器，PT 表示压力传感器，PIC 表示压力控制器。FT1、FIC1 和变频器 1 组成送风机控制回路。对于燃煤锅炉来讲，由于煤的燃烧需要一定的空气量，所以要保持锅炉的最佳燃烧过程，就必须使给煤量和送风量保持一定比例，这主要通过变频器 1 调节鼓风机的转速来实现。

PT2、PIC2 和变频器 2 组成引风机控制回路。通常情况下，燃煤锅炉的运行都要求炉膛负压保持在－40～－20Pa 的范围内。如果炉膛负压太小，炉膛容易向外喷火，既影响环境卫生，又可能危及设备与操作人员的安全。如果炉膛负压太大，炉膛漏风量增大，增加了引风机的电耗和烟气带走的热量损失。炉膛负压的控制主要通过变频器 2 来完成。

PT、PIC、PT3、PIC3、FT3、FIC3、变频器 3 组成给煤量控制回路。锅炉运行时，蒸汽压力和蒸汽生产量直接反映了锅炉燃烧发热量。如果煤的进给量改变，在保持最佳燃烧状况的情况下，蒸汽的生产量也会相应改变。所以，通过变频器 3 调节给煤机的转速，就可调节煤的进给量，从而达到控制蒸汽生产量的目的。

锅炉燃烧控制系统框图如图 4－6 所示。系统工作原理：当负载蒸汽量变化时，主调节器接受蒸汽压力信号 P，输入给煤量调节器，及时调节给煤量以适应负载的变化。同时，给煤量调节器将负载变化的信号输入送风量调节器，以保持适当的煤风比例。由于送风量调节器与引风负压调节器之间有动态补偿信号，此时引风负压调节器同时动作，这样就保证了燃烧控制系统的协调动作，以保证正确的煤风比例和适当的炉膛负压。

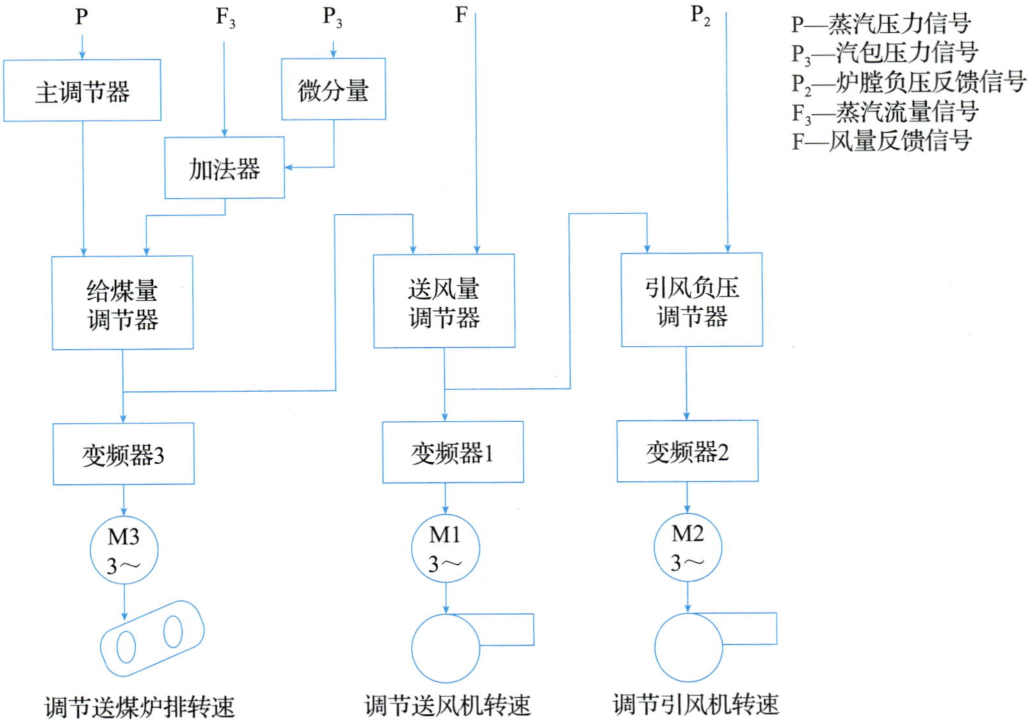

图 4－6　锅炉燃烧控制系统框图

4.2.2 变频调速系统接线原理

变频调速系统接线原理图如图 4－7 所示。该系统送风机为 380V、30kW 交流电动机，引风机为 380V、75kW 交流电动机，给煤机为 380V、3.0kW 交流电动机。根据现场工艺要求，选择三菱变频器 FR-F540-37K 驱动 30kW 送风机，变频器 FR-F540-90K 驱动 75kW 引风机，变频器 FR-F540-3.7K 驱动 3.0kW 给煤机。给煤量调节器、送风量调节器和引风负压调节器均采用美国 Honeywell 公司的 UDC630 回路调节器。

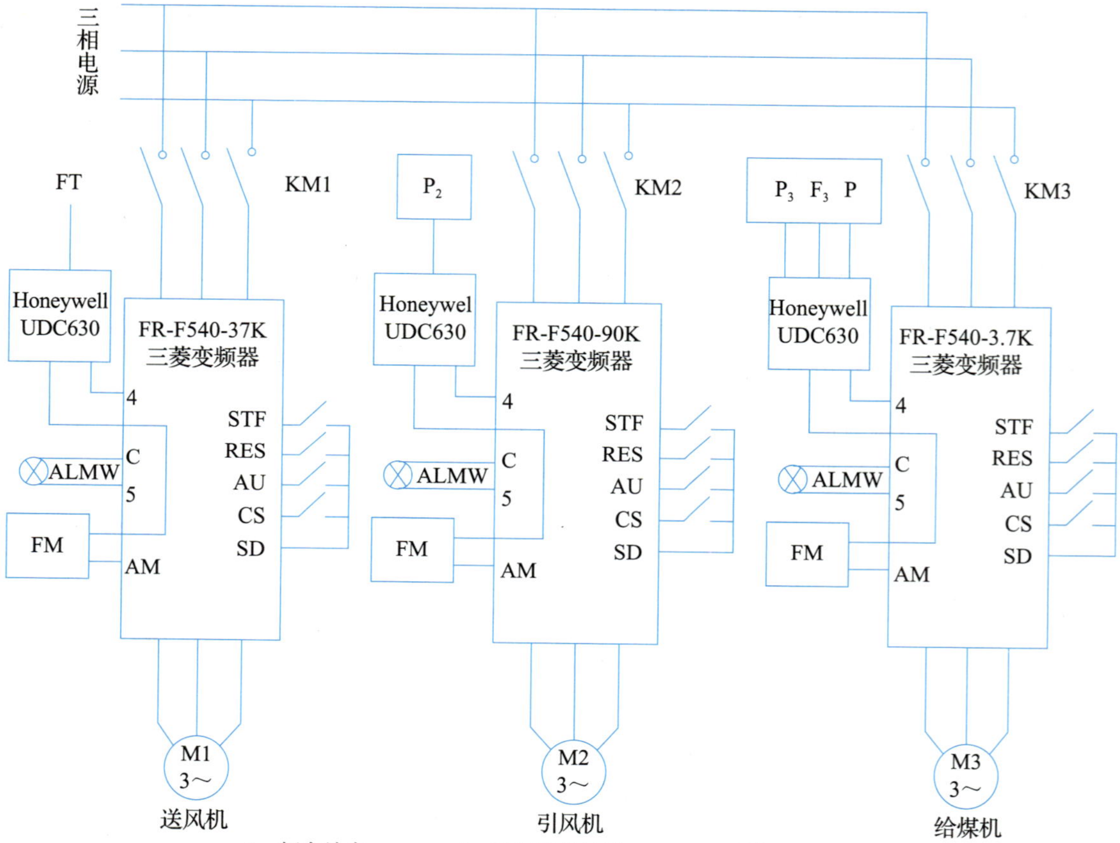

4—频率给定　5—模拟量公共端　STF—反转
RES—复位端子　SD—开关量公共端　A—故障继电器常开触点
AM—频率输出显示　FT—蒸汽流量　P—锅炉炉膛压力
P_2—锅炉蒸汽压力　P_3—锅炉汽包压力

图 4－7　变频调速系统接线原理图

本系统通过压力传感器和流量传感器将锅炉蒸汽压力、蒸汽流量、风量等转换成 DC4～20mA 信号，送给 UDC630 回路调节器进行 PID 调节，然后输出 DC4～20mA 信号传送给变频器，以调节电动机转速。

变频器通电后，根据锅炉系统的实际运行要求，对变频器的功能进行如下设定：

（1）最大频率：50Hz。

（2）最小频率：10Hz。

（3）基本频率：50Hz。

（4）额定电压：380V。

（5）加速时间：30s。

（6）减速时间：30s。

（7）瞬时停电再起动时间：0.5s。

（8）其他功能设定：遵照变频器出厂设定值。

任务 4.3　印染机械多电动机同步调速系统

4.3.1　变频调速在印染行业中的应用特点

变频调速在印染行业中的应用有以下特点：

1. 运行环境差

印染设备运行环境一般很差，湿度大（相对湿度可达 90%以上），环境温度高（有时变频器周围温度可达 50℃以上），“织物尘”多，这就要求变频器的防护等级要高，同时变频器及相应的控制设备应尽量与印染机械隔离，并增加通风降温设施。

2. 工作制式是长期连续工作制

印染机械是长期连续运行的，即要求“常年不停机”，每次停机除减少产量外，还会产生大量的次品，因此要求变频器及相应的电控设备具有长期不出故障的高可靠性。

3. 起动平稳且各电动机的起动时间应一致

印染机械一般是多电动机同步运行的，各电动机功率差别较大（从几百瓦到几十千瓦），所带负载差别较大，要想使电动机同时起动并在相同的时间内达到工艺要求的转速，即各电动机在起动阶段就达到同步运行，就要根据电动机功率大小及所带负载情况对各变频器的加速时间、起动频率、转矩提升等进行合理的设置。

4. 快速制动

由于各电动机负载差别较大，若停车时各电动机自由运行，则会由于惯性差别较大而使各电动机完全停车的时间不一致，造成布料撕裂或布料堆积引起机械故障，同时还会对下次开车增加难度。因此除对变频器的有关参数进行合理的设置外，还要根据各变频器的功率配备合理的制动电阻，使各电动机快速停车。

4.3.2　印染机械简介

印染机械有烧毛机、退浆机、退煮漂联合机、打底机、显色皂洗机、水洗机、印花机、布铗丝光机、烘干机等多种，品种千差万别，功能各不相同，电动机数量及功率差别较大（电动机功率一般在 0.6～40kW 范围内），但就其电气传动原理而言，却是大同小异。现以比较简单的 LMH101 烘干机为例来说明，其示意图如图 4－8 所示。

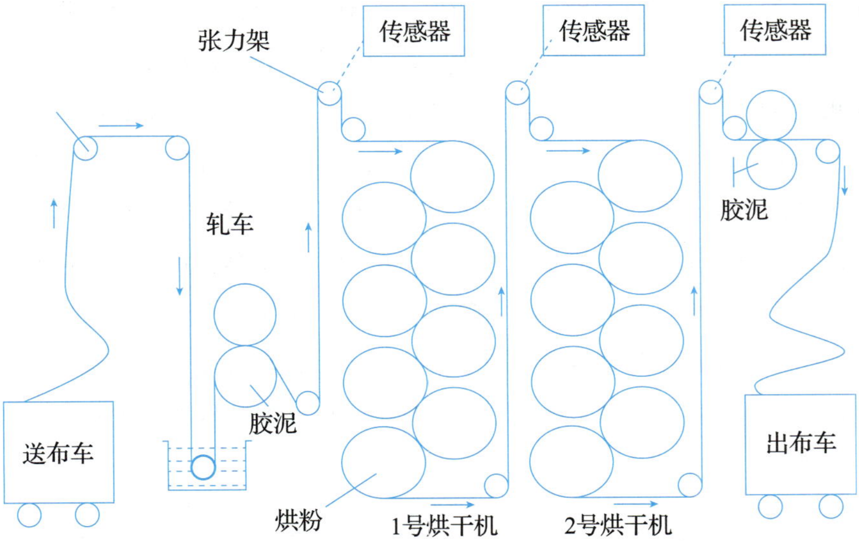

图 4-8　LMH101 烘干机示意图

布料经上浆槽由轧车电动机拖进 1 号烘干机，在进行烘干之前，先经过张力架（也叫松紧架），布料从 1 号烘干机出来之后再经张力架进入 2 号烘干机，从 2 号烘干机出来之后经张力架和落布架落入出布车，整个工作过程结束。

在烘干机中通常将轧车电动机作为主令单元，而其他电动机全部作为从动单元。主令单元没有张力架，是全机速度的基准，各从动单元都有各自的张力架，要根据布张力的大小调整相应电动机变频器的给定频率，使之与主令电动机同步运行。张力架可以上下活动，布料太紧时，张力加大，张力架向下移动，需要使张力架后面的电动机变慢或使张力架前面的电动机变快；布料太松时，张力减小，张力架向上移动，需要使张力架后面的电动机变快或使张力架前面的电动机变慢。

应当注意，不一定将第一台电动机作为主令电动机。哪台电动机作为主令电动机应根据电动机功率和工艺要求由印染机械制造厂决定，张力架是控制前面的电动机还是控制后面的电动机应根据主令电动机的位置及张力架的位置决定。

要用张力架的上下移动来直接控制变频器是不可能的，必须用传感器来将张力架的上下移动变成相应的物理量变化，如电阻、电压或电流的变化。用于印染机械的传感器可根据是否与张力架有机械连接分为接触式与非接触式两大类。接触式传感器有张力架的上下移动而带动旋转的电位器、旋转变压器及各类专用的传感器等，优点是稳定性好，线性度较高；缺点是除旋转变压器外，多数都是由张力架带动线绕电位器旋转，不同的传感器只是对电阻信号的处理方式不同（可处理成正负电压信号或正负电流信号），电位器体积小，机械强度差，再加上每日 24h 连续工作，很容易损坏，故障率较高，并且电位器长期放在潮湿、灰尘多且含有酸碱度高的环境中，也是容易损坏的原因之一。

非接触式传感器主要有超声波传感器、涡流式线位移传感器等。靠非接触式传感器来探测张力架的位置，变成相应的电压信号输出。一般将传感器整体用环氧树脂密封在塑料容器中，与外界彻底隔离，又没有机械接触，故障率很低，被广泛采用；缺点是对温度比较敏感，温度变化对参数影响较大，因此应尽量避免在温差较大的场合使用。

为了保证设备的安全，在张力太大或太小时应全机停车，停车由限位开关来完成。除主令电动机外，其他电动机的拖动系统都安装张力架，限位开关和传感器安装在一起，限位开关动作时，发出停车信号，使全机停车。非接触式传感器也可以不装限位开关，根据传感器信号的大小由模拟电子线路驱动中间继电器，再由中间继电器的触点控制停车。

电动机容量由印染机械厂提供。为便于同步，一般选用容量较大的电动机，即存在大马拉小车现象，除非机械有故障不会出现过载现象，因此变频器的容量只需与各单元的电动机容量相符即可。

4.3.3 同步控制电路

印染机械的同步控制并非纯理论上的使各电动机的线速度完全一致。布料在加工过程中，要进行蒸、煮、酸洗、碱洗、上浆、水洗、上色等多种工艺。由于布料的品种不同，加工工艺不同，存在布料缩水及伸长现象。有些工艺要缩水，有些工艺要伸长，实际上各电动机的线速度并不完全相同，要根据布的张力来调节各电动机的转速。反馈信号是不断变化的，因此，在稳定时除 UG 保持不变外，其他各变频器的频率给定信号（UG1、UG2、UG3、UG4）也是不断变化的，整个系统维持动态平衡，达到所谓的同步运行。

布料的张力可以从张力架的位置反映出来，然后通过传感器得到偏差信号 UF，反馈到控制中心，控制中心将反馈信号 UF 与标准给定信号 UG 比较处理后给出各变频器的频率给定信号，控制各变频器运行。同步控制示意图如图 4－9 所示。

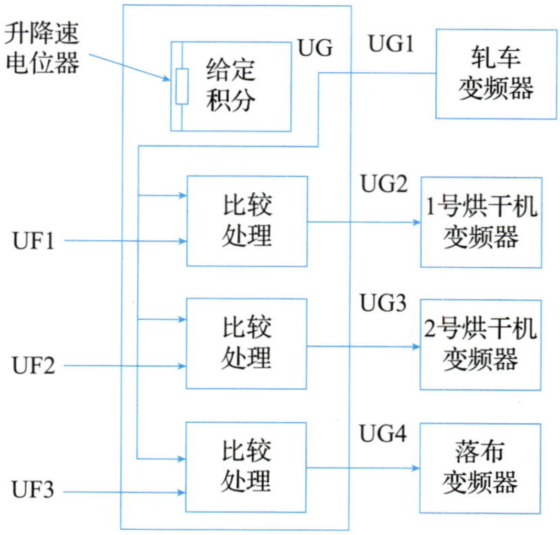

图 4－9　同步控制示意图

反馈信号 UF 可以是电阻、电流或电压信号。信号的种类及大小随传感器品种不同而异，同步控制中心的任务是根据反馈信号 UF 提供各变频器的给定信号，对于不同的反馈信号，控制中心对信号的处理方式有所区别，但最终都是处理成变频器能接受的直流电压信号（如 0～10V）或直流电流信号（如 4～20mA）。

另外，也可以用专用的同步控制器来完成，但当实际的反馈信号与同步控制器所要求的反馈信号不一致时，需要先对反馈信号进行处理。

4.3.4 控制电路

LMH101 轧水烘干机同步调速系统的控制电路如图 4－10 所示。

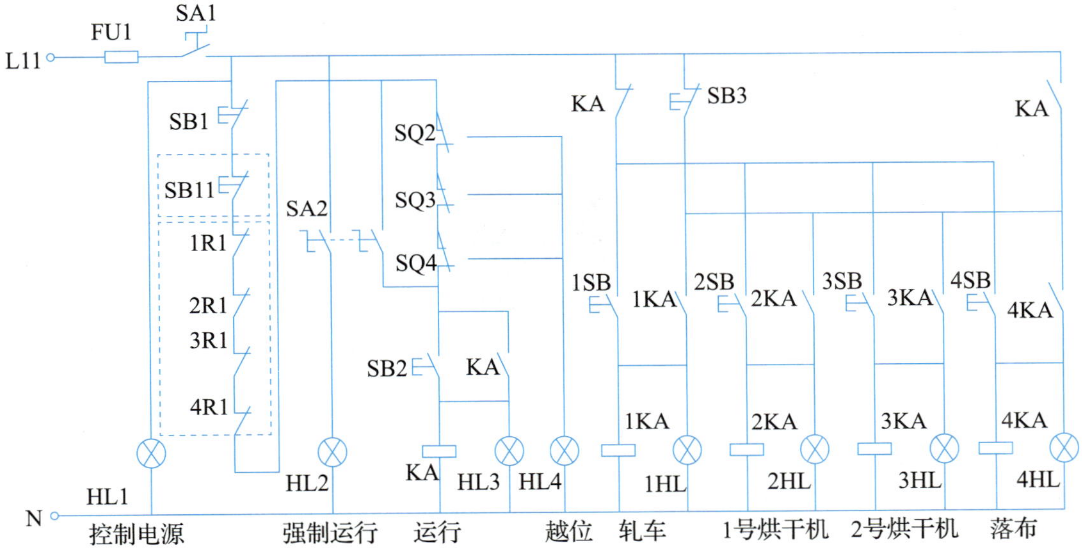

图 4－10　LMH101 轧水烘干机同步调速系统的控制电路

图中按钮 SB11 为外部停车按钮，SQ2～SQ4 为限位开关，1SB～4SB 为各电动机的预选按钮。控制线路的工作过程可自行分析。

在电动机数量较多的同步调速控制系统中，一般采用 PLC 输出控制中间继电器，再用中间继电器的触点控制变频器和信号灯。PLC 控制多单元同步调速系统控制电路如图 4－11 所示。图 4－10 所示的电路使用 PLC 控制后，可增加按钮 SB5 为电动机全选按钮，在系统正常运行与停车时，SB5 用得较多。SB3 为外部停车按钮，当外部停车按钮较多时，各停车按钮可以串联，也可以全部都接在 PLC 的输入端，并修改相应程序。

当变频器出现故障（或设置为电动机过载）或者张力架越位时，迅速全机停车，相应的信号灯亮作为指示，还可以用蜂鸣器报警。

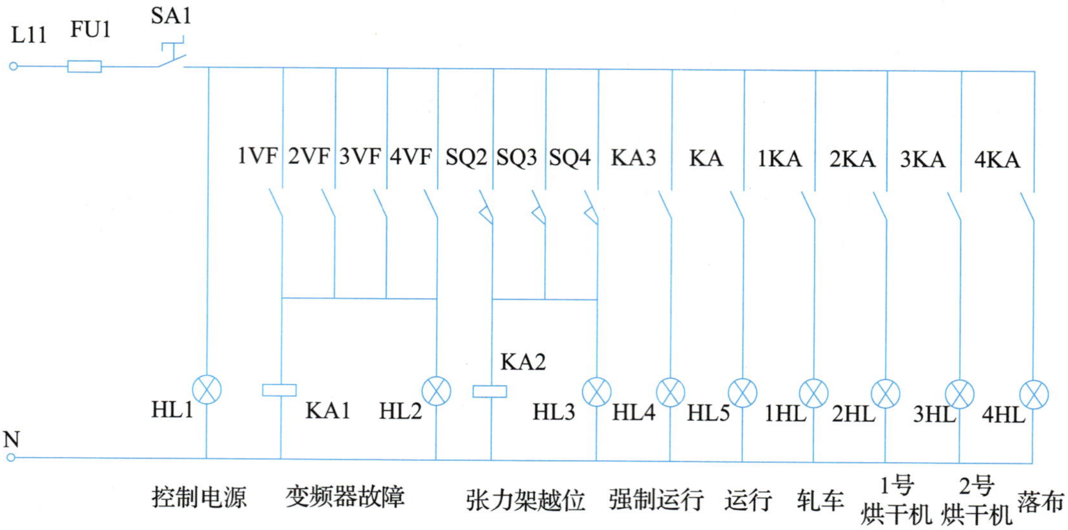

图 4－11　PLC 控制多单元同步调速系统控制电路

单元 4　习题

单元 5

可编程控制器编程学习

本单元主要学习可编程控制器（PLC）的基础知识，主要介绍西门子 S7-1200 系列 PLC 的硬件结构和原理，博途（S7-1200）编程软件、编程语言及需要重点使用的基本指令。

学习目标

1. 掌握可编程控制器（PLC）的工作原理和结构；
2. 会画西门子 S7-1200 基本指令的时序图；
3. 掌握基本的编程方法；
4. 掌握 PLC 控制系统的设计步骤；
5. 掌握 PLC 控制系统的编程方法。

任务 5.1　PLC 的基础知识

5.1.1　PLC 的分类与应用

可编程控制器简称 PLC，它是一种专门为在工业环境下应用而设计的数字运算操作的电子装置。它采用可以编制程序的存储器，用来在其内部存储执行逻辑运算、顺序运算、计时、计数和算术运算等操作的指令，并能通过数字式或模拟式的输入和输出，控制各种类型的机械或生产过程。PLC 及其有关的外围设备都应该按照易于与工业控制系统形成一个整体和易于扩展其功能的原则而设计。

1. PLC 的分类

按产地分，可分为日韩、欧美、国产等。其中日韩具有代表性的品牌为三菱、欧姆龙、松下、光洋、LG 等；欧美系列具有代表性的品牌为西门子、罗克韦尔、通用电气、德州仪表等；国产系列具有代表性的品牌为和利时、浙江中控等。

按点数分，可分为大型机、中型机及小型机等。大型机一般 I/O 点数大于 2048 点；具有多 CPU，16/32 位处理器，用户存储器容量为 8～16KB，具有代表性的为西门子 S7-400 系列、通用公司的 GE-Ⅳ系列等；中型机一般 I/O 点数为 256～2048 点；单/双 CPU，用户存储器容量为 2～8KB，具有代表性的为西门子 S7-300 系列、三菱 Q 系列等；小型机一般 I/O 点数小于 256 点，单 CPU，8/16 位处理器，用户存储器容量在 4KB 以下，具有代表性的为西门子 S7-200 系列、三菱 FX 系列等。

按结构分，可分为整体式和模块式。整体式 PLC 是将电源、CPU、I/O 接口等部件都集中装在一个机箱内，具有结构紧凑、体积小、价格低的特点；小型 PLC 一般采用整体式结构。模块式 PLC 由不同 I/O 点数的基本单元（又称主机）和扩展单元组成。基本单元内有 CPU、I/O 接口、与 I/O 扩展单元相连的扩展口，以及与编程器或 EPROM 写入器相连的接口等；扩展单元内只有 I/O 和电源等，没有 CPU；基本单元和扩展单元之间一般用扁平电缆连接；整体式 PLC 一般还可配备特殊功能单元，如模拟量单元、位置控制单元等，使其功能得以扩展。这种模块式 PLC 的特点是配置灵活，可根据需要选配不同规模的系统，而且装配方便，便于扩展和维修。大中型 PLC 一般采用模块式结构。还有一些 PLC 将整体式和模块式的特点结合起来，构成叠装式 PLC。

按功能分，可分为低档、中档、高档三类。低档 PLC 具有逻辑运算、定时、计数、移位以及自诊断、监控等基本功能；还可有少量模拟量输入/输出、算术运算、数据传送和比较、通信等功能；主要用于逻辑控制、顺序控制或少量模拟量控制的单机控制系统。中档 PLC 除具有低档 PLC 的功能外，还具有较强的模拟量输入/输出、算术运算、数据传送和比较、数制转换、远程 I/O、子程序、通信联网等功能；有些还可增设中断控制、PID 控制等功能，适用于复杂控制系统。高档 PLC 除具有中档 PLC 的功能外，还增加了带符号算术运算、矩阵运算、位逻辑运算、平方根运算及其他特殊功能函数的运算、制表及表格传送功能等；高档 PLC 具有更强的通信联网功能，可用于大规模过程控制或构成分布式网络控制系统，实现工厂自动化。

2. PLC 的特点

（1）可靠性高，抗干扰能力强。

可靠性高是电气控制设备的关键性能。PLC 由于采用现代大规模集成电路技术，采用严格的生产工艺制造，内部电路采取了先进的抗干扰技术，具有很高的可靠性。一些使用冗余 CPU 的 PLC 的平均无故障工作时间则更长。从 PLC 的外电路来说，使用 PLC 构成控制系统和同等规模的继电接触器系统相比，电气接线及开关接点已减少到数百甚至数千分之一，故障率大大降低。此外，PLC 带有硬件故障自我检测功能，出现故障时可及时发出警报信息。在应用软件中，应用者还可以编入外围器件的故障自诊断程序，使系统中除 PLC 以外的电路及设备也获得故障自诊断保护。这样使整个系统具有极高的可靠性。

（2）配套齐全，功能完善，适用性强。

PLC 发展到今天，已经形成了大、中、小各种规模的系列产品，可以用于各种规模的工业控制场合。除逻辑处理功能以外，现代 PLC 大多具有完善的数据运算能力，可用于各种数字控制领域。尤其是近年来 PLC 的功能单元大量涌现，使 PLC 渗透到了位置控制、温度控制、CNC 等各种工业控制中。加上 PLC 通信能力的增强及人机界面技术的发展，使用 PLC 组成各种控制系统变得非常容易。

（3）易学易用，深受工程技术人员欢迎。

PLC 作为通用工业控制计算机，是面向工矿企业的工控设备。它接口简单，编程语言易于为工程技术人员所接受。梯形图语言的图形符号与表达方式和继电器电路图相当接近，只用 PLC 的少量开关量逻辑控制指令就可以方便地实现继电器电路的功能。这为不熟悉电子电路、不懂计算机原理和汇编语言的人使用计算机从事工业控制打开了方便之门。

（4）系统的设计、建造工作量小，维护方便，容易改造。

PLC 用存储逻辑代替接线逻辑，大大减少了控制设备外部的接线，使控制系统设计及建造的周期大大缩短，同时维护也变得容易。更重要的是，使同一设备通过改变程序来改变生产过程成为可能。这很适合多品种、小批量的生产场合。

（5）体积小，重量轻，能耗低。

以超小型 PLC 为例，新生产的品种底部尺寸小于 100mm，重量小于 150g，功耗仅数瓦。由于其体积小很容易装入机械内部，是实现机电一体化的理想控制设备。

3. PLC 的应用领域

目前，PLC 在国内外已广泛应用于钢铁、石油、化工、电力、建材、机械制造、汽车、轻纺、交通运输、环保及文化娱乐等各个行业，用途大致可归纳为如下几类：

（1）开关量控制。

这是 PLC 最基本、最广泛的应用领域，它取代传统的继电器电路，实现逻辑控制、顺序控制，既可用于单台设备的控制，也可用于多机群控及自动化流水线，如注塑机、印刷机、订书机械、组合机床、磨床、包装生产线、电镀流水线等。

（2）模拟量控制。

在工业生产过程中，有许多连续变化的量，如温度、压力、流量、液位和速度等都是模拟量。为了使可编程控制器处理模拟量，必须实现模拟量（Analog）和数字量（Digital）

之间的 A/D 转换及 D/A 转换。PLC 厂家都生产配套的 A/D 和 D/A 转换模块，使可编程控制器用于模拟量控制。

（3）运动控制。

PLC 可用于圆周运动或直线运动的控制。从控制机构配置来说，早期直接用于开关量 I/O 模块连接位置传感器和执行机构，现在一般使用专用的运动控制模块，如可驱动步进电动机或伺服电动机的单轴或多轴位置控制模块。世界上主要 PLC 厂家的产品几乎都有运动控制功能，广泛应用于各种机械、机床、机器人、电梯等场合。

（4）过程控制。

过程控制是指对温度、压力、流量等模拟量的闭环控制。作为工业控制计算机，PLC 能编制各种各样的控制算法程序，完成闭环控制。PID 调节是一般闭环控制系统中用得较多的调节方法。大中型 PLC 都有 PID 模块，目前许多小型 PLC 也有此功能模块。PID 处理一般是运行专用的 PID 子程序。过程控制在冶金、化工、热处理、锅炉控制等场合有非常广泛的应用。

（5）数据处理。

现代 PLC 具有数学运算（含矩阵运算、函数运算、逻辑运算）、数据传送、数据转换、排序、查表、位操作等功能，可以完成数据的采集、分析及处理。这些数据可以与存储在存储器中的参考值比较，完成一定的控制操作，也可以利用通信功能传送到别的智能装置，或将它们打印制表。数据处理一般用于大型控制系统，如无人控制的柔性制造系统；也可用于过程控制系统，如造纸、冶金、食品工业中的一些大型控制系统。

（6）通信及联网。

PLC 通信含 PLC 间的通信及 PLC 与其他智能设备间的通信。随着计算机控制的发展，工厂自动化网络发展得很快，各 PLC 厂商都十分重视 PLC 的通信功能，纷纷推出各自的网络系统。新生产的 PLC 都具有通信接口，通信非常方便。

5.1.2 PLC 的结构与工作原理

1. PLC 的结构

PLC 的类型繁多，功能和指令系统也不尽相同，但结构与工作原理则大同小异，通常由主机、输入/输出（I/O）接口、电源、编程器、输入/输出（I/O）扩展接口和外部设备接口等几个主要部分组成，如图 5－1 所示。

（1）主机。

主机部分包括中央处理器（CPU）、系统程序存储器和用户程序及数据存储器。CPU 是 PLC 的核心，它用以运行用户程序、监控输入/输出接口状态、做出逻辑判断和进行数据处理，即读取输入变量、完成用户指令规定的各种操作、将结果送到输出端、响应外部

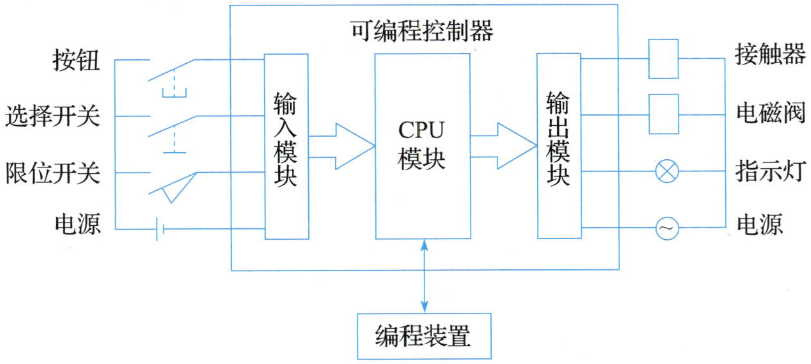

图 5－1　PLC 结构图

设备（如编程器、计算机、打印机等）的请求以及进行各种内部判断等。PLC 的内部存储器有两类：一类是系统程序存储器，主要存放系统管理和监控程序及对用户程序作编译处理的程序，系统程序已由厂家固定，用户不能更改；另一类是用户程序及数据存储器，主要存放用户编制的应用程序及各种暂存数据和中间结果。

（2）输入/输出（I/O）接口。

I/O 接口是 PLC 与输入/输出设备连接的部件。输入接口接受输入设备（如按钮、传感器、触点、行程开关等）的控制信号。输出接口是将主机经处理后的结果通过功放电路驱动输出设备（如接触器、电磁阀、指示灯等）。I/O 接口一般采用光电耦合电路，以减少电磁干扰，提高可靠性。I/O 点数，即输入/输出端子数，是 PLC 的一项主要技术指标，通常小型机有几十个点，中型机有几百个点，大型机则超过千个点。

（3）电源。

图 5－1 中的电源是指为 CPU、存储器、I/O 接口等内部电子电路工作所配置的直流开关稳压电源，通常也为输入设备提供直流电源。

（4）编程器。

编程器是 PLC 的一种主要的外部设备，用于手持编程，用户可用以输入、检查、修改、调试程序或监控 PLC 的工作情况。除手持编程器外，还可通过适配器和专用电缆线将 PLC 与计算机连接，并利用专用的工具软件进行计算机编程和监控。

（5）输入/输出（I/O）扩展接口。

I/O 扩展接口用于连接扩充外部输入/输出端子数的扩展单元与基本单元（即主机）。

（6）外部设备接口。

外部设备接口可将编程器、打印机、条码扫描仪等外部设备与主机相连，以完成相应的操作。

2. PLC 的工作原理

PLC 是采用“顺序扫描，不断循环”的方式进行工作的，即在 PLC 运行时，CPU 根据用户控制要求编制好并存于用户存储器中的程序，按指令步序号（或地址号）进行周期性循环扫描，如无跳转指令，则从第一条指令开始逐条顺序执行用户程序，直至程序结束。然后重新返回第一条指令，开始下一轮新的扫描。在每次扫描过程中，还要完成对输入信号的采样和对输出状态的刷新等工作。

PLC 扫描一个周期必经过输入采样、程序执行和输出刷新三个阶段。

PLC 在输入采样阶段：首先以扫描方式按顺序将所有暂存在输入锁存器中的输入端子的通断状态或输入数据读入，并将其写入各对应的输入状态寄存器中，即刷新输入，随即关闭输入端口，进入程序执行阶段。

PLC 在程序执行阶段：按用户程序指令存放的先后顺序扫描执行每条指令，执行的结果再写入输出状态寄存器中，输出状态寄存器中的所有内容随着程序的执行而改变。

PLC 在输出刷新阶段：当所有指令执行完毕，将状态寄存器的通断状态送至输出锁存器中，并通过一定的方式（继电器、晶体管或晶闸管）输出，驱动相应输出设备工作。

5.1.3 S7-1200 系列 PLC 介绍

1. S7-1200 系列 PLC 的基本硬件组成

S7-1200 系列 PLC 是西门子公司推出的一款 PLC，主要面向简单但高精度的自动化任务。

S7-1200 系列 PLC 设计紧凑、组态灵活且具有功能强大的指令集，这些特点的组合使它成为控制各种应用的完美解决方案。

CPU 将微处理器、集成电源、输入电路和输出电路组合到一个设计紧凑的外壳中以形成功能强大的 PLC。CPU 根据用户程序逻辑监控输入并更改输出，用户程序可以包含布尔逻辑、计数、定时、复杂数学运算以及与其他智能设备的通信。其中，在技能训练中选用的型号是 S7-1200 CPU1214C。S7-1200 系列 PLC 中 CPU 的基本单元如表 5－1 所示。

表 5－1 S7-1200 系列 PLC 中 CPU 的基本单元

特性	CPU1211C	CPU1212C	CPU1214C
本机数字量 I/O	6I/4O	8I/6O	14I/10O
本机模拟量输入点	2	2	2
脉冲捕获输入点数	6	8	14
扩展模块个数	—	2	8
上升沿/下降沿中断点数	6/6	8/8	12/12
集成/可扩展的工作存储器	25KB/不可扩展	25KB/不可扩展	50KB/不可扩展
集成/可扩展的装载存储器	1MB/24MB	1MB/24MB	2MB/24MB

（1）CPU 的共性。

1）集成的 24V 传感器/负载电源可供传感器和编码器使用，也可以用作输入回路的电源。

2）集成的 2 点模拟量输入（0～10V），输入阻抗为 100kΩ，10 位分辨率。

3）2 点脉冲列输出（PTO）或脉宽调制（PWM）输出，最高频率为 100kHz。

4）有 16 个参数自整定的 PID 控制器。

5）4 个时间延迟与循环中断，分辨率为 1ms。

6）可以扩展 3 块通信模块和一块信号板，CPU 可以用信号板扩展一路模拟量输出或高速数字量输入/输出。

（2）CPU 的三种模式。

S7-1200 系列 CPU 的三种模式及输入、输出电压如表 5－2 所示。

表 5－2　S7-1200 系列 CPU 的三种模式及输入、输出电压

版本	电源电压	DI 输入电压	DO 输出电压
DC/DC/DC	DC 24V	DC 24V	DC 24V
DC/DC/Relay	DC 24V	DC 24V	DC 5～30V AC 5～250V
AC/DC/Relay	AC 85～264V	DC 24V	DC 5～30V AC 5～250V
DC/DC/DC	DC 24V	DC 24V	DC 24V
DC/DC/Relay	DC 24V	DC 24V	DC 5～30V AC 5～250V

（3）编程器。

PLC 在正式运行时，不需要编程器，编程器主要用来进行用户程序的编制、存储和管理等，并将用户程序送入 PLC 中，在调试过程中进行监控和故障检测。

西门子 S7-1200 系列是工业自动化领域广泛使用的一种可编程逻辑控制器。掌握 S7-1200 系列的程序编写对于工业自动化从业者来说非常重要。然而，学习 S7-1200 系列的程序编写需要大量的实践和经验积累。首先，了解 S7-1200 系列的指令集是编写程序的基础。S7-1200 系列支持多种指令，包括位逻辑、计时器、计数器、数学运算、比较运算等。熟悉这些指令的用法和特点可以帮助程序员更好地理解和编写程序。S7-1200 系列支持多种编程软件，如 TIA Portal、STEP 7 Basic 和 Portal，程序员可以通过这些软件来编写、调试和仿真程序。

（4）程序存储卡。

为了保证程序及重要参数的安全，一般小型 PLC 外接 EEPROM 卡盒接口，通过该接口可以将卡盒的内容写入 PLC 中，也可将 PLC 内的程序及重要参数传到外界 EEPROM 卡盒内作为备份。程序存储卡 EEPROM 有 6ES7291-8GC00-0XA0 和 6ES7291-8GD00-0XA0 两种，程序容量分别为 8K 和 16K 程序步。

（5）写入器。

写入器的功能是实现 PLC 和 EPROM 之间的程序传送，将 PLC 中 RAM 区的程序通过写入器固化到程序存储卡中，或将 PLC 中存储卡的程序通过写入器传送到 RAM 中。

（6）文本显示器。

文本显示器 TD200 不仅是一个用于显示系统信息的显示设备，还可以作为控制单元对某个量的数值进行修改，或直接设置输入/输出量。文本信息的显示用选择/确认的方法，最多可以显示 80 条信息，每条信息最多包含 4 个变量的状态。过程参数可在显示器上显示，并可以随时修正。TD200 面板上的 8 个可编程序的功能键，每个都分配了一个存储器位，这些功能键在启动和测试系统时，可以进行参数设置和诊断。

2. S7-1200 系列 PLC 的外形结构

（1）状态显示灯（LED）：用于显示 CPU 所处的工作状态。各个指示灯的含义如下：SF—系统错误；RUN—运行；STOP—停止。

（2）存储器接口：可以插入存储卡。

（3）通信接口。

（4）顶部端子盖下边为输出端子和 PLC 供电电源端子。输出端子的运行状态可以由顶部端子盖下方一排指示灯显示，ON 状态对应指示灯亮。

（5）底部端子盖下边为输入端子和传感器电源端子。输入端子的运行状态可以由底部端子盖上方的一排指示灯显示，ON 状态对应指示灯亮。

（6）前盖下面有运行、停止开关和接口模块插座。将开关拨向停止位置时，PLC 处于停止状态，此时可以对其编写程序；将开关拨向运行位置时，PLC 处于运行状态，此时不能对其编写程序。将开关拨向监控（Term）状态时，可以运行程序，同时还可以监控程序运行的状态。接口插座用于连接扩展模块，实现 I/O 扩展。

5.1.4 S7-1200 编程软件的介绍

1. S7-1200 编程软件配置

（1）硬件/软件的要求。

处理器类型：Pentium M 1.6GHz 或类似该型号。

内存 RAM：1GB。

可用硬盘空间：系统驱动器 2GB。

操作系统：①Windows XP Professional SP3。

②Windows 2003 Server R2 StdE SP2。

③Windows 7 Home Premium（仅限 STEP 7 Basic，不支持 STEP 7 Professional）。

④Windows 7（Professional、Enterprise、Ultimate）。

⑤Windows 2008 Server StdE R2。

⑥Windows 10（Professional、Enterprise、Ultimate）。

（2）软件安装。

软件安装需要注意删除注册表再进行安装，根据安装向导进行安装即可。

注册表地址为 HEEY_LOCAL_MACHINE \ SYSTEM \ CURRENTCONTROLSET \ CONTROL \ SESSION MANAGE \ 下的 PendingFileRemameOpeaations。

2. 新建工程

（1）双击桌面的博图软件快捷图标。在启动项下面选择“创建新项目”，修改项目名称和路径（可不修改），单击“创建”按钮，创建新项目，如图 5 - 2 所示。

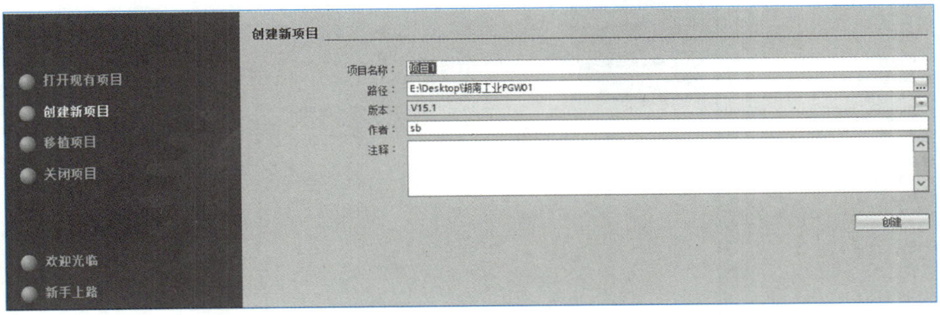

图 5 - 2　创建新项目

（2）单击“组态设备”（见图 5 - 3），弹出如图 5 - 4 所示的界面，可以添加需要的设备。

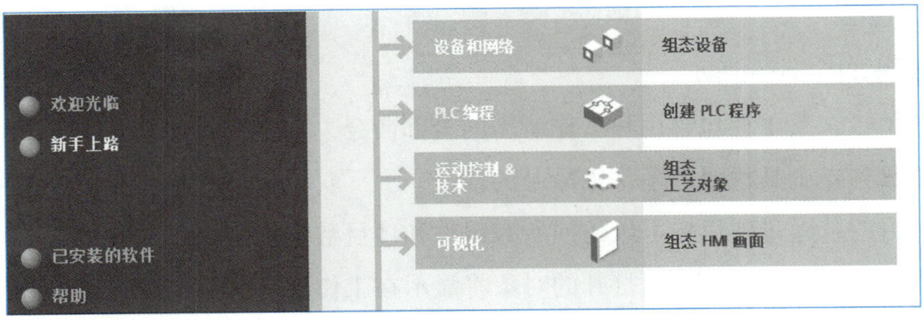

图 5 - 3　单击“组态设备”

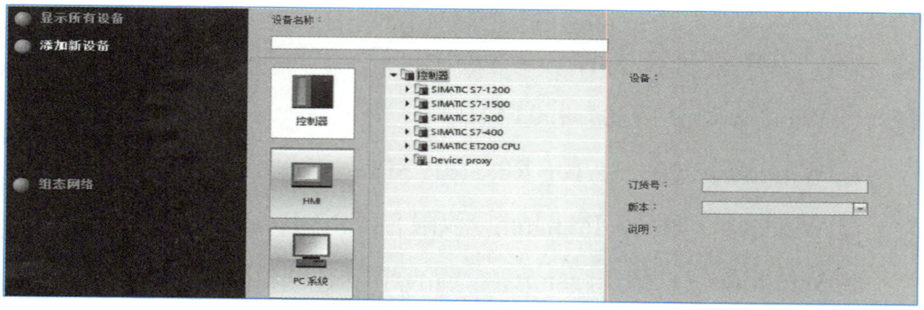

图 5-4　可选择设备目录

（3）配置完成，自动加载进入项目视图。单击左下角的“详细视图”（见图 5-5），进入详细视图配置，或单击项目树的“添加新设备”再次添加新设备。

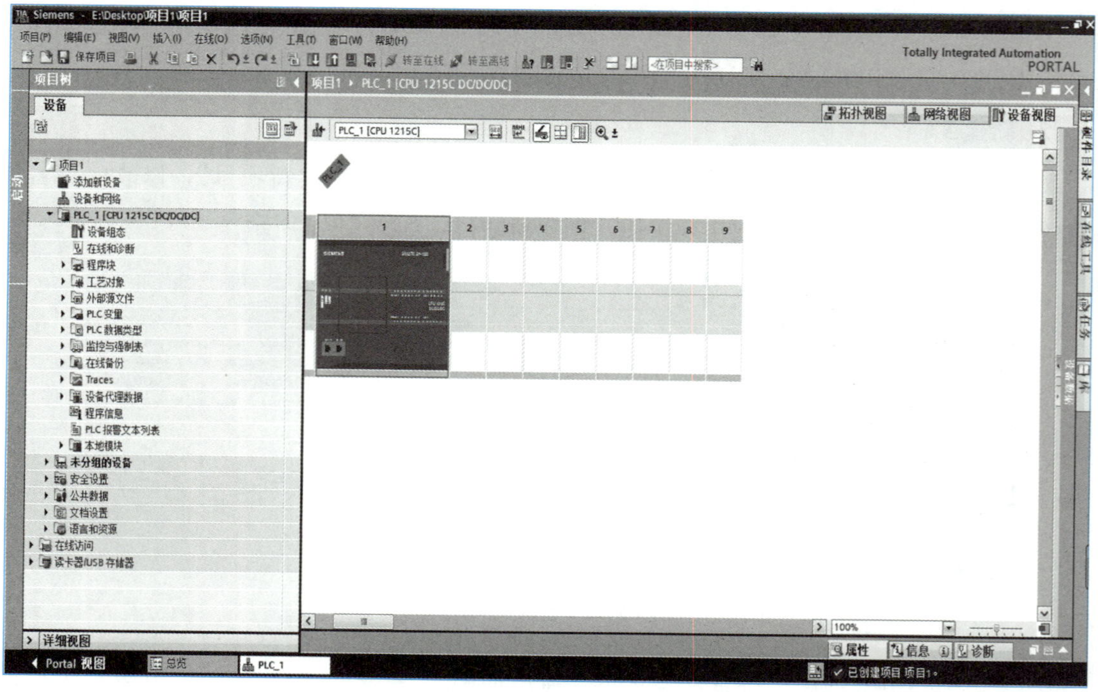

图 5-5　单击“详细视图”

3. 项目视图

项目视图如图 5-6 所示。

（1）菜单栏：菜单栏包含用户工作所需的全部命令。

（2）工具栏：工具栏提供了常用命令的按钮。

（3）项目树：通过项目树可以访问所有组件和项目数据。

（4）工作区：为进行编辑而打开的对象将显示在工作区内。

（5）任务卡：可用的任务卡取决于所编辑或所选择的对象。在屏幕右侧的条形栏中可以找到可用的任务卡。可以随时折叠和重新打开这些任务卡。

（6）详细视图：在详细视图中显示所选对象的某些内容，其中可能包含文本列表或变量。

（7）巡视窗口：在巡视窗口中显示有关所选对象或所执行动作的附加信息。

（8）Portal 视图：切换到 Portal 视图。

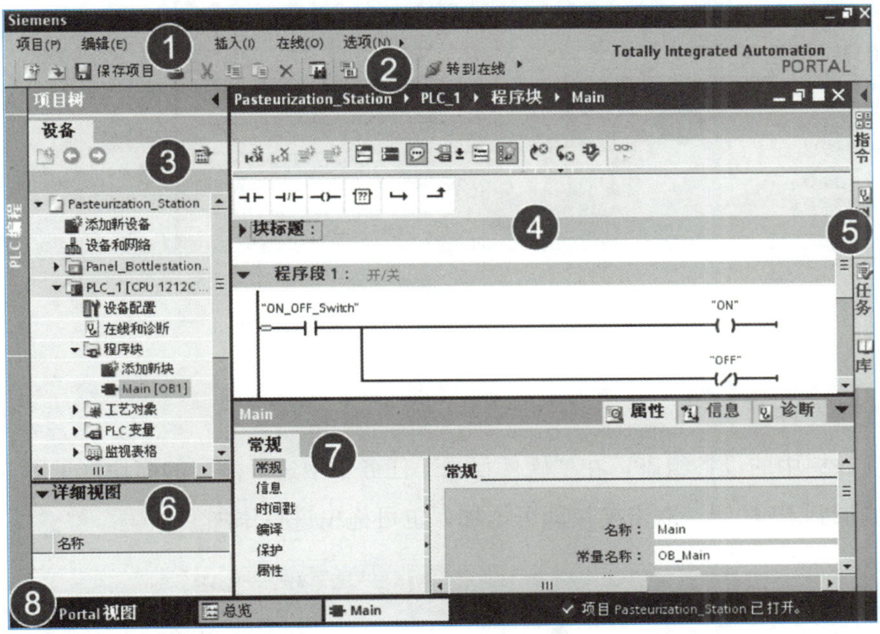

图 5－6　项目视图

4. 网络视图

网络视图如图 5－7 所示。

（1）选项卡：用于在设备视图与网络视图之间进行切换。

（2）工具栏：工具栏中包括用于图形化设备联网、组态连接以及显示地址信息的工具。

（3）图形区域：图形区域显示与网络相关的设备、网络、连接和关系。

（4）总览导航：总览导航提供图形区域中所创建对象的概览。

（5）表格区域：表格区域概要说明正在使用的设备、连接以及通信连接。

（6）巡视窗口：巡视窗口显示当前所选对象的信息。

（7）“硬件目录”任务卡：可以轻松访问各种硬件组件。可将自动化任务所需的设备和模块从硬件目录拖到网络视图的图形区域。

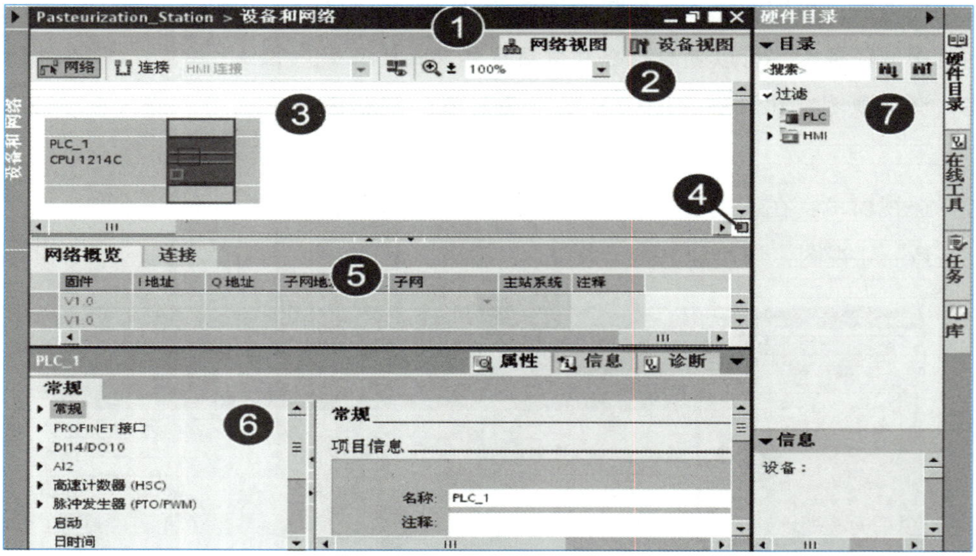

图 5-7　网络视图

5. 常用组态

(1) 配置硬件。

单击项目树中的设备组态，在“硬件目录”任务卡中选择需要的模块（见图 5-8），按实际顺序添加到 PLC 侧。双击模块即可添加，也可拖曳进行添加。

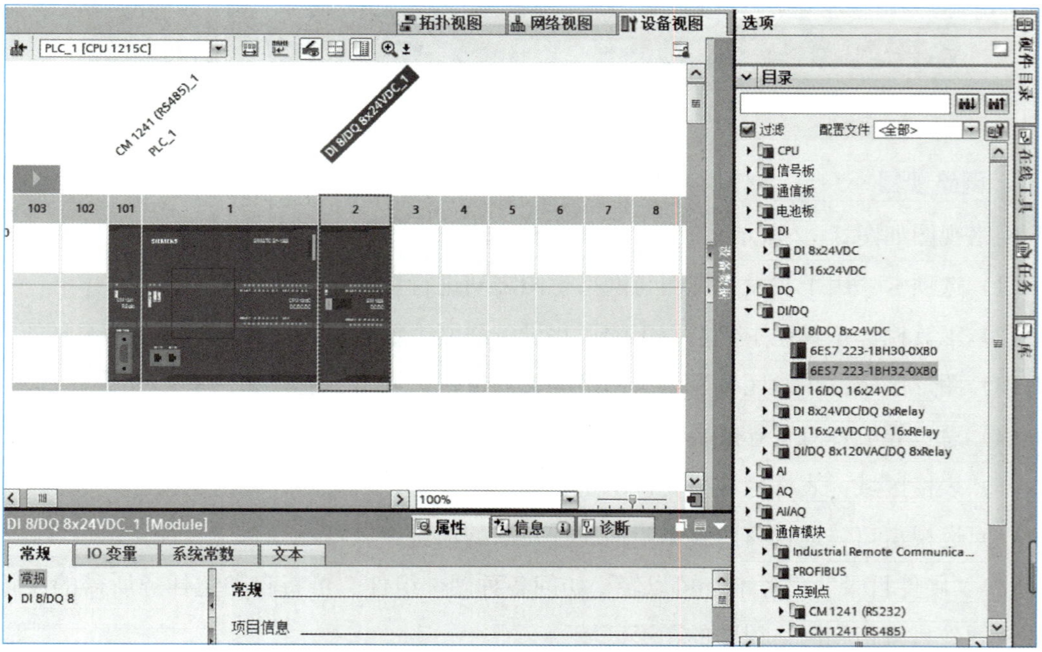

图 5-8　在“硬件目录”任务中选择需要的模块

（2）分配名称及地址。

单击项目树中的“设备组态”，选中 PLC，在弹出的巡视窗口中单击“常规”选项卡，选择“PROFINET 接口［X1］”，设置 IP 地址及 PROFINET 设备名称，如图 5－9 所示。

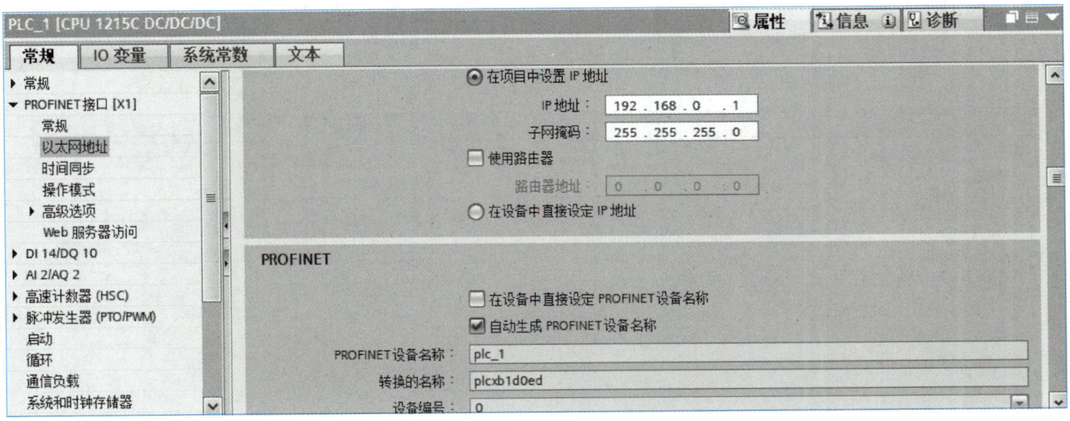

图 5－9　设置 IP 地址及 PROFINET 设备名称

（3）系统和时钟存储器。

单击项目树中的“设备组态”，选中 PLC，在弹出的巡视窗口中单击“常规”选项卡，选择“系统和时钟存储器”，勾选“启用系统储存器字节”复选框，设置字节地址，即可在程序中调用特殊位；勾选“启用时钟存储器字节”复选框，设置字节地址，即可在程序中调用时钟脉冲，如图 5－10 所示。

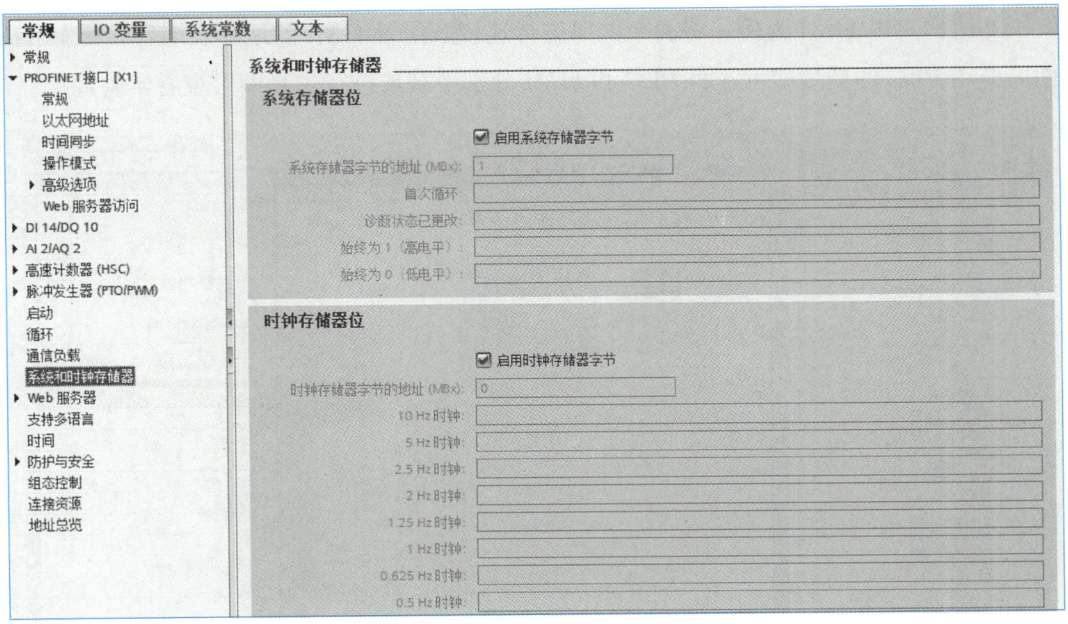

图 5－10　系统和时钟存储器

（4）连接机制。

单击项目树中的“设备组态”，选中 PLC，在弹出的巡视窗口中单击“常规”选项卡，选择“防护与安全”，选中“连接机制”，勾选“允许来自远程对象的 PUT/GET 通信访问”复选框，如图 5－11 所示。该选项针对外接以太网设备，如 MQTT 网关、MCGS 触摸屏等。

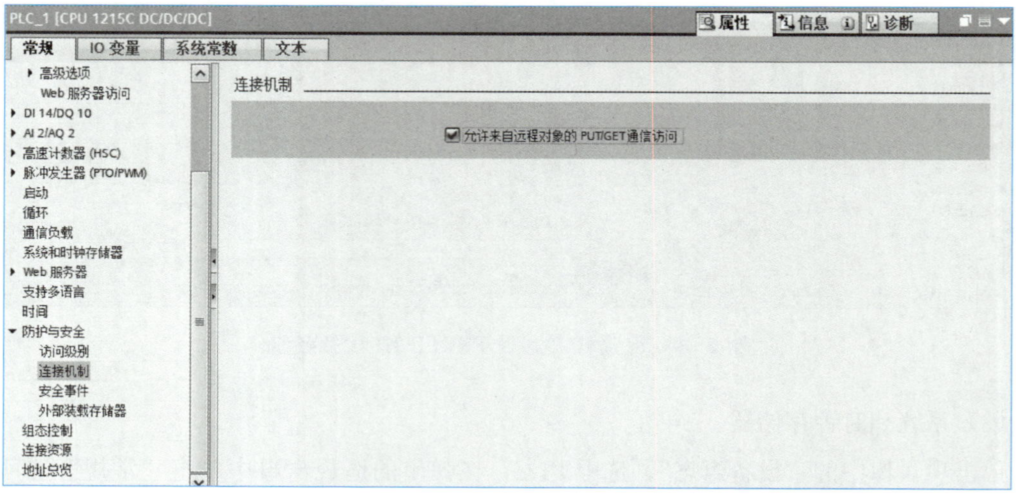

图 5－11　连接机制

（5）网络组态。

单击“设备和网络”，选择“网络视图”，在“硬件目录”任务卡中添加硬件设备，如图 5－12 所示。以 HMI 为例，将两个网口进行连接，配置 HMI 的地址及名称，做好 HMI 画面后应用 PLC 的变量即可。将 PLC 和 HMI 分别下载或进行仿真即可查看实验现象。

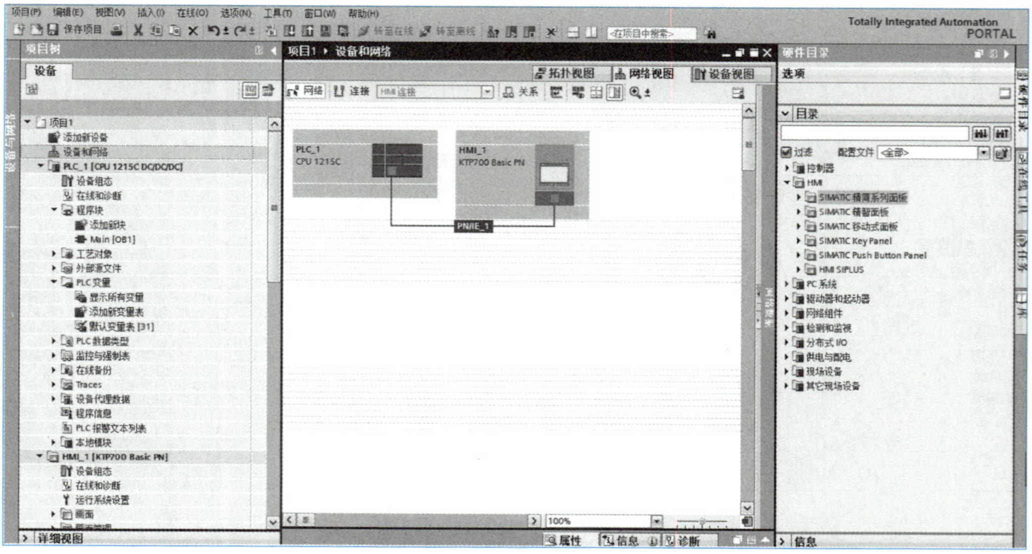

图 5－12　网络组态

6. 指令说明

（1）常用的指令。

在项目树中单击“PLC_1[CPU 1215C DC/DC/DC]”，单击“程序块”，打开 Main 主程序。在右侧“指令”任务卡中，可以选择需要的指令添加到程序中，如图 5－13 所示。

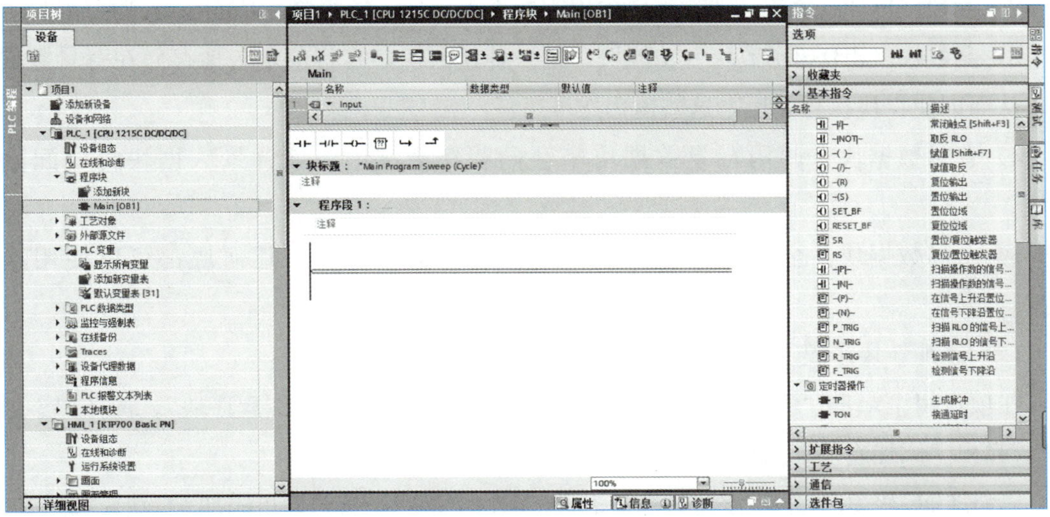

图 5－13　选择需要的指令添加到程序中

常用的指令有位逻辑运算、定时器、计数器、比较指令等。具体指令根据实际需求进行调用。

（2）简单示例程序。

在主程序中，写一个简单的启停程序，同时停止要按 1s 才能停止，如图 5－14 所示。

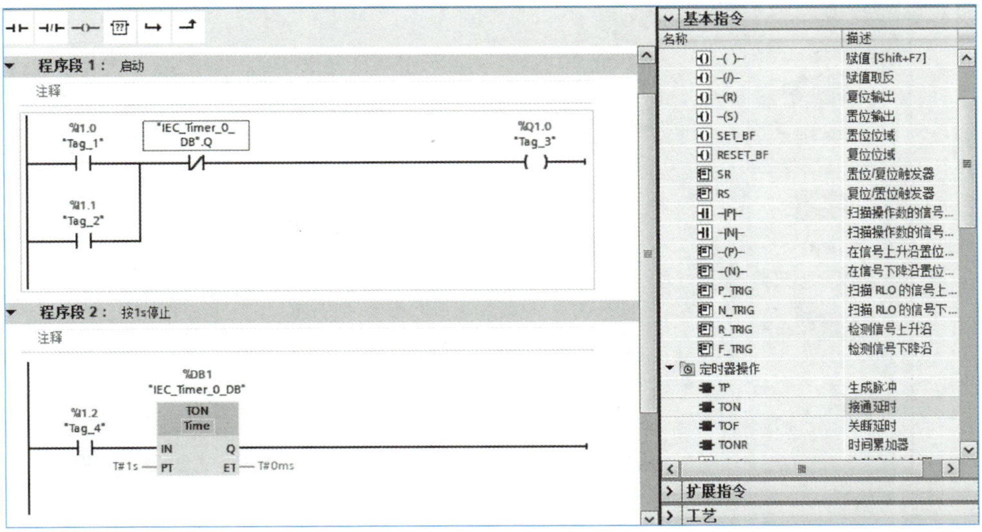

图 5－14　简单示例程序

7. 添加新块

（1）块的介绍。

PLC 提供了不同的块类型来执行自动化系统中的任务。

1）组织块（OB）：组织块定义用户程序的结构。

2）函数（FC）：函数（功能）包含用于处理重复任务的程序。功能没有“存储器”。

3）函数块（FB）：函数块（功能块）是一种代码块，它将值永久地存储在背景数据块中，从而即使在块执行完后，这些值仍然可用。

4）背景数据块：调用背景数据块来存储程序数据时，该背景数据块将分配给功能块。

5）全局数据块：全局数据块是用于存储数据的数据区，任何块都可以使用这些数据。

（2）添加新块步骤。

在项目树中单击“PLC_1[CPU 1215C DC/DC/DC]”，单击“程序块”，选择“添加新块”，弹出“添加新块”对话框，选择需要添加的块。

以添加 FC 块为例：填写名称，选择语言，单击“确定”按钮即可添加 FC 块，如图 5-15 所示。添加完成后，若要执行 FC 块则将其添加到运行的程序中，以便于 PLC 执行扫描，如图 5-16 所示。

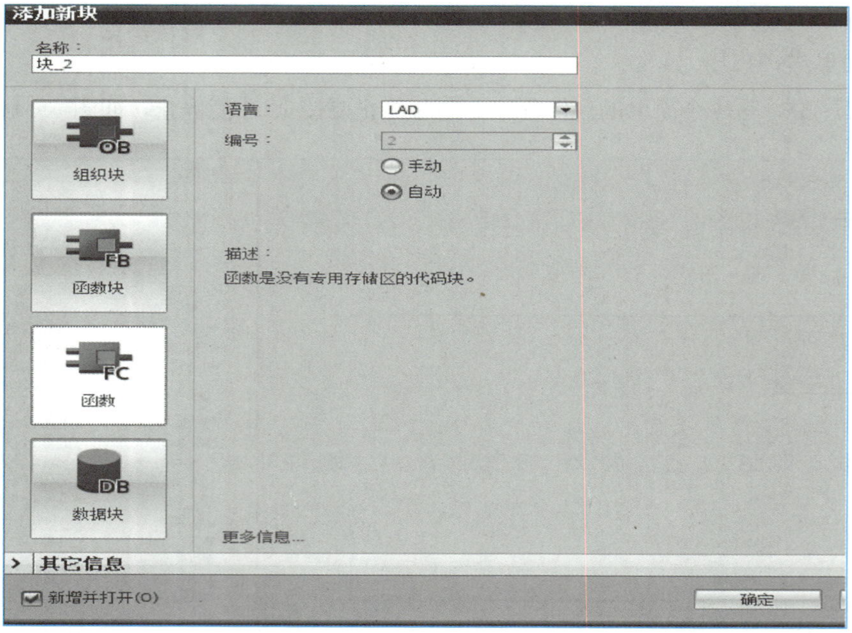

图 5-15 选择添加的块

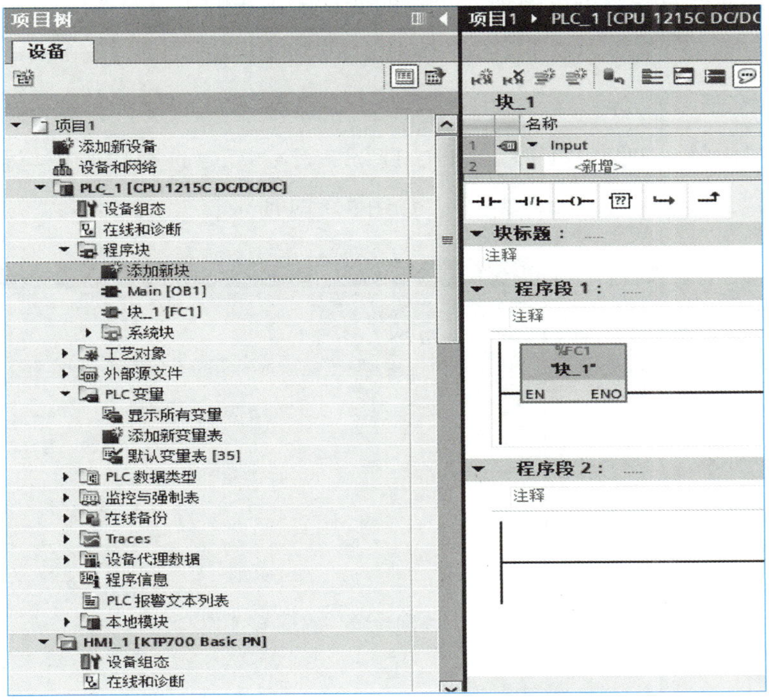

图 5-16　将 FC 块添加到运行的程序中

8. PLC 变量表

单击项目树中的“PLC_1[CPU 1215C DC/DC/DC]”，选择“PLC 变量”，双击打开显示所有变量可查看 PLC 中的所有变量，如图 5-17 所示。

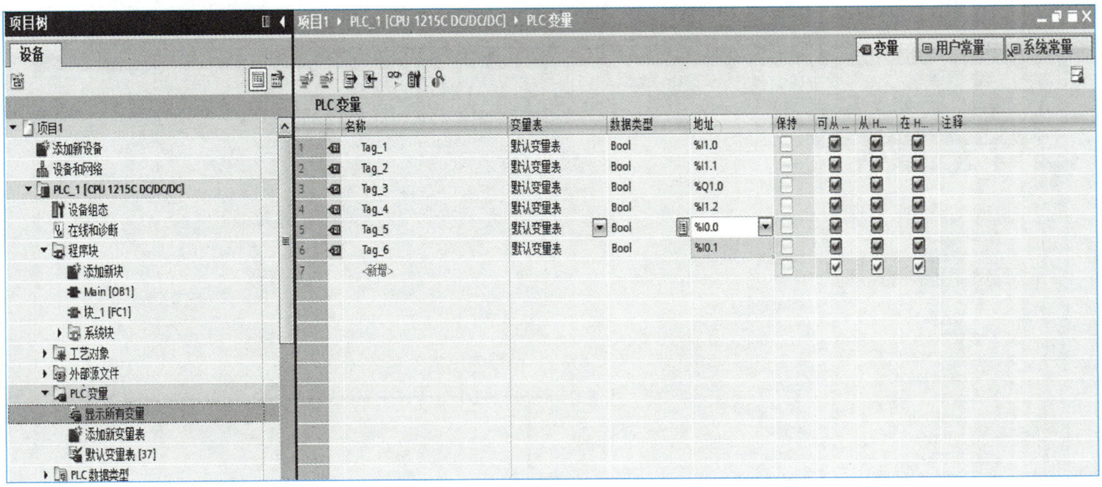

图 5-17　查看 PLC 中的所有变量

在 PLC 变量中可以先新建变量并定义变量作用，给变量分配名称然后在程序中直接调用变量即可。也可在程序中使用后再修改名称。

单击“添加新变量表”可以添加一个新的变量表，我们可以将需要使用的变量输入便于操作使用。

9. PLC 监控表

单击项目树中的“PLC_1[CPU 1215C DC/DC/DC]”，选择“监控与强制表”，单击“添加新监控表”，添加一个“监控表_1”，如图 5-18 所示。

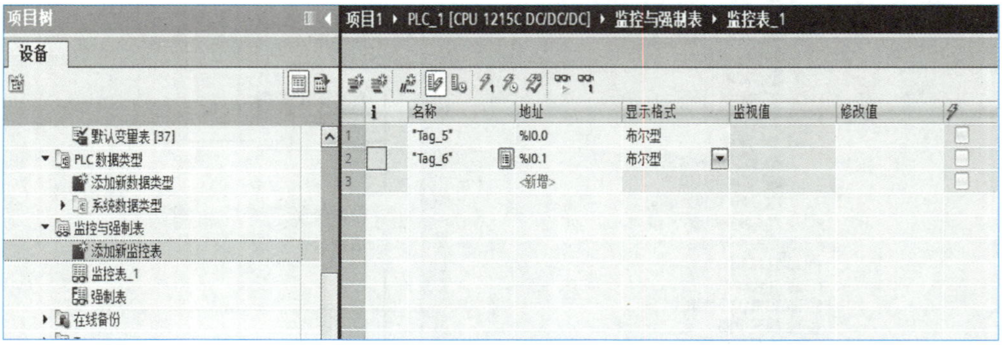

图 5-18　添加一个“监控表_1”

在新建的监控表中添加需要监控的地址，在线情况下可以进行实时修改在线数据值。输入输出信号不能写入，只能强制。

10. 下载程序

下载程序前先进行编译，查看是否有错误，再进行下载。

选择“在线”→“下载到设备（L）”，根据提示即可完成下载，如图 5-19 所示。也可单击菜单栏中的下载快捷键进行下载。

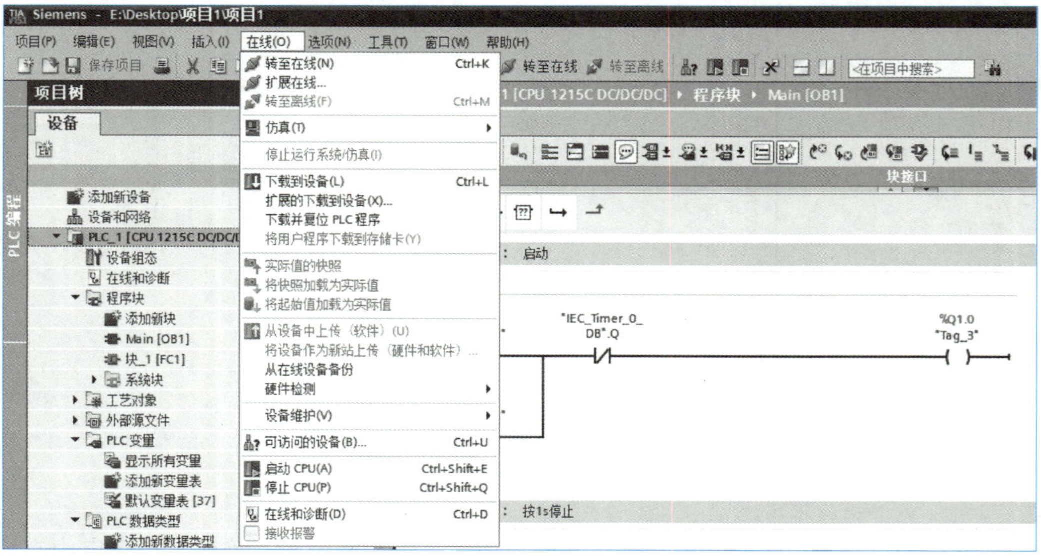

图 5-19　下载到设备

11. 程序在线

下载完成后，选择“在线”→“转至在线（N）”，即可完成程序在线，如图 5-20 所示。也可单击菜单栏中的“转至在线”快捷键进行在线。

在线完成后，可以在程序中监控程序运行状态、查看报错信息、对程序进行在线修改等。

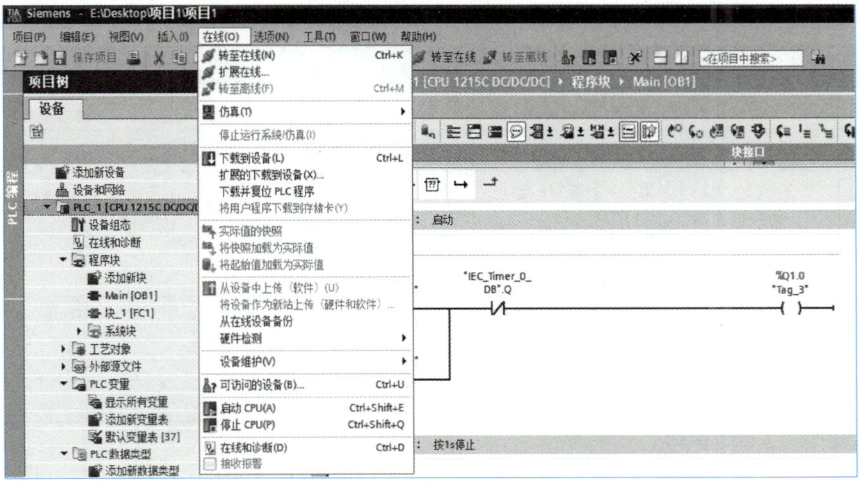

图 5-20 程序在线

12. 保存与另存为

（1）保存程序。

选择“项目”→“保存（S）”，即可完成对程序的保存，如图 5-21 所示。或单击菜单栏中的保存快捷键。

（2）程序另存为。

选择“项目”→“另存为”，选择另存的地址，如图 5-21 所示。执行上述操作，即可完成对程序的保存。

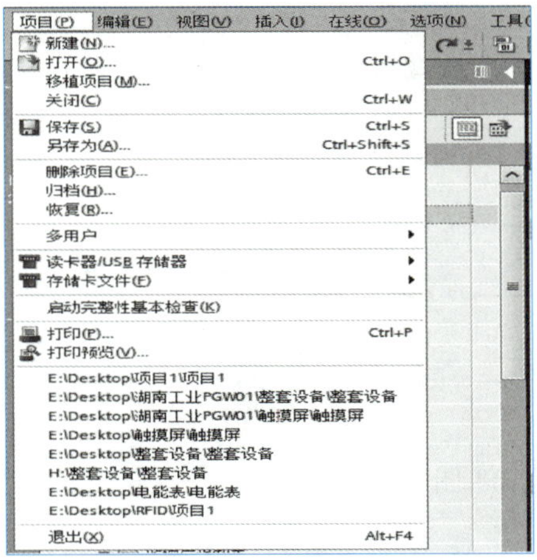

图 5-21 保存与另存为

5.1.5 S7-1200 系列 PLC 的基本指令

1. 位逻辑指令

S7-1200 系列 PLC 的主要基本逻辑指令如表 5－3 所示。

表 5－3 S7-1200 系列 PLC 的主要基本逻辑指令

指令名称	指令符	功能
取	LD	读入逻辑行或电路块的第一个常开接点
取反	LDN	读入逻辑行或电路块的第一个常闭接点
与	A	串联一个常开接点
与非	AN	串联一个常闭接点
或	O	并联一个常开接点
或非	ON	并联一个常闭接点
输出	=	输出逻辑行的运算结果
置位	S	置继电器状态为接通

以取、与、非逻辑指令为例，图 5－22（a）为这些基本指令的梯形图，图 5－22（b）为时序图。每个程序段只允许有一个输出线圈（并联的除外）。

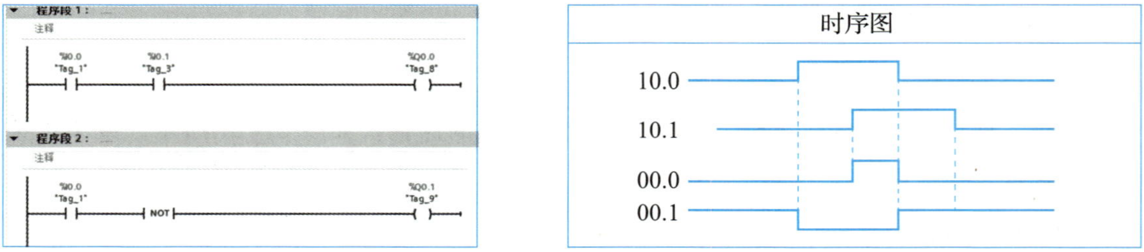

（a）取、与、非逻辑指令梯形图　　（b）取、与、非逻辑指令时序图

图 5－22 取、与、非逻辑指令

置位、复位逻辑指令如图 5－23 所示。

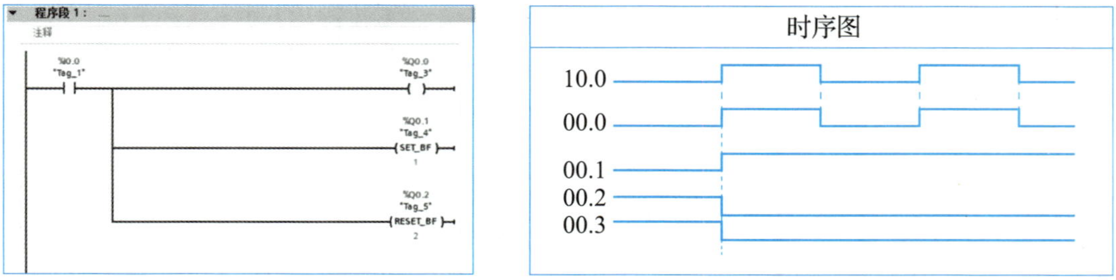

（a）置位、复位逻辑指令梯形图　　（b）置位、复位逻辑指令时序图

图 5－23 置位、复位逻辑指令

2. 定时器指令

定时器是根据预先设定的定时值，按一定的时间单位进行计时的 PLC 内部装置，在运行过程中当定时器的输入条件满足时，当前值从 0 开始按一定的单位增加。当定时器的当前值达到设定值时，定时器发生动作，从而满足各种定时逻辑控制的需要。

S7-1200 系列 PLC 有 5 种定时器。

（1） TP：脉冲定时器可生成具有预设宽度时间的脉冲。

（2） TON：接通延迟定时器输出 Q 在预设的延时过后设置为 ON。

（3） TOF：关断延迟定时器输出 Q 在预设的延时过后重置为 OFF。

（4） TONR：保持型接通延迟定时器输出 Q 在预设的延时过后设置为 ON。在使用 R 输入重置经过的时间之前，会跨越多个定时时段一直累加经过的时间。

（5） RT：通过清除存储在指定定时器背景数据块中的时间数据来重置定时器。

每个定时器都使用一个存储在数据块中的参数来保存定时器数据，如表 5－4 所示。在编辑器中放置定时器指令时可分配该数据块。

表 5－4　定时器参数说明

参数	数据类型	说明
IN	Bool	启用定时器输入
R	Bool	将 TONR 经过的时间重置为零
PT（Preset Time）	Bool	预设的时间值输入
Q	Bool	定时器输出
ET（Elapsed Time）	Time	经过的时间值输出
定时器数据块	DB	指定要使用 RT 指令复位的定时器

参数 IN 从 0 变为 1 将启动 TP、TON 和 TONR，从 1 变 0 将启动 TOF。

ET 为定时开始后经过的时间，又称为已耗时间值（可以不为 ET 指定地址），它们的数值类型为 32 位的 Time，单位为 ms，最大定时时间为 T＃24D_20H_31M_23S_647MS。

IEC 定时器和 IEC 计数器属于功能块，调用时需要指定配套的背景数据块，定时器和计数器指令的数据保存在背景数据块中。

在梯形图中输入定时器指令时，打开右边的指令窗口将“定时器操作”文件夹中的定时器指令拖放到梯形图中适当的位置，在出现的“调用选项”对话框中修改将要生成的背景数据块的名称，或采用默认的名称。单击“确定”按钮，自动生成数据块。

3. 计数器指令

S7-1200 系列 PLC 有 3 种计数器：加计数器（CTU）、减计数器（CTD）和加减计数器（CTUD）。它们属于软件计数器，其最大计数速率受其所在的 OB 执行速率的限制。

如果需要速率更高的计数器，可以使用 CPU 内置的高速计数器。

调用计数器指令时，需要生成保存计数器数据的背景数据块。

CU 和 CD 分别是加计数输入和减计数输入，在 CU 或 CD 由 0 变为 1 时，实际计数值 CV 加 1 或减 1。

复位输入 R 为 1 时，计数器被复位，CV 被清零，计数器输出 Q 变为 0。

（1）CTU：参数 CU 的值从 0 变为 1 时，CTU 使计数值加 1。如果参数 CV（当前计数值）大于或等于参数 PV（预设计数值），则计数器输出 Q=1。如果复位参数 R 的值从 0 变为 1，则当前计数值复位为 0。

（2）CTD：参数 CD 的值从 0 变为 1 时，CTD 使计数值减 1。如果参数 CV（当前计数值）小于或等于 0，则计数器输出 Q=1。如果参数 LOAD 的值从 0 变为 1，则参数 PV（预设值）将作为新的 CV（当前计数值）装载到计数器。

（3）CTUD：加计数（CU）或减计数（CD）输入的值从 0 跳变为 1 时，CTUD 会使计数值加 1 或减 1。

如果参数 CV（当前计数值）大于或等于参数 PV（预设值），则计数器输出 QU=1。如果参数 CV 小于或等于 0，则计数器输出 QD=1。如果参数 LOAD 的值从 0 变为 1，则参数 PV（预设值）将作为新的 CV（当前计数值）装载到计数器。如果复位参数 R 的值从 0 变为 1，则当前计数值复位为 0。

任务 5.2　技能训练　西门子 S7-1200 系列基本指令的应用

通过本任务的学习，熟练使用西门子 S7-1200 系列基本指令实现简单控制系统；掌握西门子 S7-1200 系列编程软件的使用方法；能分析简单梯形图的工作过程，并能完成梯形图的调试。

本任务所用设备有 PLC 实训装置（S7-1200）、导线若干。

5.2.1　PLC 控制系统的设计内容及设计步骤

1. PLC 控制系统的设计内容

（1）根据设计任务书，进行工艺分析，并确定控制方案，这是设计的依据。

（2）选择输入设备（如按钮、开关、传感器等）和输出设备（如继电器、接触器、指示灯等执行机构）。

（3）选定 PLC 的型号（包括机型、容量、I/O 模块和电源等）。

（4）分配 PLC 的 I/O 点，绘制 PLC 的 I/O 硬件接线图。

（5）编写程序并调试。

（6）设计控制系统的操作台、电气控制柜等以及安装接线图。

（7）编写设计说明书和使用说明书。

2. 设计步骤

（1）工艺分析。

深入了解控制对象的工艺过程、工作特点、控制要求，并划分控制的各个阶段，归纳各个阶段的特点和各阶段之间的转换条件，画出控制流程图或功能流程图。

（2）选择合适的 PLC 类型。

在选择 PLC 类型时，主要考虑下面几点：

1）功能的选择。对于小型 PLC 来说，主要考虑 I/O 扩展模块、A/D 与 D/A 模块以及指令功能（如中断、PID 等）。

2）I/O 点数的确定。统计被控制系统的开关量、模拟量的 I/O 点数，并考虑以后的扩充（一般加上 10%～20%的备用量），从而选择 PLC 的 I/O 点数和输出规格。

3）内存的估算。用户程序所需的内存容量主要与系统的 I/O 点数、控制要求、程序结构长短等因素有关。一般可按下式估算：存储容量＝开关量输入点数×10＋开关量输出点数×8＋模拟通道数×100＋定时器/计数器数量×2＋通信接口个数×300＋备用量。

4）分配 I/O 点数。分配 PLC 的输入/输出点，编写输入/输出分配表，或画出输入/输出端子的接线图，接着就可以进行 PLC 程序设计，同时进行控制柜或操作台的设计和现场施工。

（3）程序设计。

对于较复杂的控制系统，根据生产工艺要求，画出控制流程图或功能流程图，然后设计出梯形图，再根据梯形图编写语句表程序清单，对程序进行模拟调试和修改，直到满足控制要求。

（4）控制柜或操作台的设计和现场施工。

设计控制柜及操作台的电气布置图及安装接线图；设计控制系统各部分的电气互锁图；根据图样进行现场接线，并检查。

（5）应用系统整体调试。

如果控制系统由几个部分组成，则应先进行局部调试，然后再进行整体调试；如果控制程序的步序较多，则可先进行分段调试，然后连接起来总调。

（6）编制技术文件。

编制技术文件应包括可编程控制器的外部接线图、电气图样、电气布置图、电气元件明细表、顺序功能图、带注释的梯形图和说明等。

3. PLC 的硬件设计、软件设计及调试

（1）PLC 的硬件设计。

PLC 的硬件设计包括 PLC 及外围线路的设计、电气线路的设计和抗干扰措施的设计等。

选定 PLC 的类型和分配 I/O 点数后，硬件设计的主要内容就是电气控制系统原理图的设计、电气控制元器件的选择和控制柜的设计。电气控制系统的原理图包括主电路和控制电路。控制电路中包括 PLC 的 I/O 接线和自动、手动部分的详细连接等。电气元件的选择主要是根据控制要求选择按钮、开关、传感器、保护电器、接触器、指示灯、电磁阀等。

（2）PLC 的软件设计。

PLC 的软件设计包括系统初始化程序、主程序、子程序、中断程序、故障应急措施和辅助程序的设计，小型开关量控制一般只有主程序。首先应根据总体要求和控制系统的具体情况，确定程序的基本结构，画出控制流程图或功能流程图。简单的系统可以用经验法设计，复杂的系统一般用顺序控制设计法设计。

（3）软件、硬件的调试。

调试分模拟调试和联机调试。软件设计好后一般先进行模拟调试。模拟调试可以通过仿真软件来代替 PLC 硬件在计算机上调试程序。如果有 PLC 硬件，则可以用小开关和按钮

模拟 PLC 的实际输入信号（如起动、停止信号）或反馈信号（如限位开关的接通或断开），再通过输出模块上各输出位对应的指示灯，观察输出信号是否满足设计的要求。需要模拟量信号 I/O 时，可用电位器和万用表配合进行。在编程软件中，可以用状态图或状态图表监控程序的运行或强制某些编程元件。

硬件部分的模拟调试主要是对控制柜或操作台的接线进行测试。可在操作台的接线端子上模拟 PLC 外部的开关量输入信号，或操作按钮的指令开关，观察对应 PLC 输入点的状态。用编程软件将输出点强制 ON/OFF，观察对应的控制柜内 PLC 负载（指示灯、接触器等）的动作是否正常，或对应的接线端子上的输出信号的状态变化是否正确。

联机调试时，把编制好的程序下载到现场的 PLC 中。调试时，主电路一定要断电，只对控制电路进行联机调试。通过现场的联机调试，还会发现新的问题或对某些控制功能进行改进。

5.2.2 PLC 程序设计常用的方法

PLC 程序设计常用的方法主要有经验设计法、继电器控制电路转换为梯形图法、逻辑设计法、顺序控制设计法等。

1. 经验设计法

经验设计法，即在一些典型控制电路程序的基础上，根据被控制对象的具体要求，进行选择组合，并进行反复调试和修改梯形图，有时需增加一些辅助触点和中间编程环节，才能达到控制要求。这种方法没有规律可遵循，设计所用的时间和设计质量与设计者的经验有很大的关系，所以称为经验设计法。经验设计法用于较简单的梯形图设计。应用经验设计法必须熟记一些典型的控制电路，如起保停电路、脉冲发生电路等。

2. 继电器控制电路转换为梯形图法

继电器接触器控制系统经过长期使用，已有一套能完成系统要求的控制功能并经过验证的控制电路图，而 PLC 控制的梯形图和继电器接触器控制电路图很相似，因此可以直接将经过验证的继电器接触器控制电路图转换成梯形图。主要步骤如下：

（1）熟悉现有的继电器控制线路。

（2）对照 PLC 的 I/O 端子接线图，将继电器电路图上的被控制器件（如接触器线圈、指示灯、电磁阀等）换成接线图上对应的输出点的编号，将电路图上的输入装置（如传感器、按钮、行程开关等）触点都换成对应的输入点的编号。

（3）将继电器电路图中的中间继电器、定时器，用 PLC 的辅助继电器、定时器来代替。

（4）画出全部梯形图，并予以简化和修改。

这种方法对简单的控制系统是可行的，比较方便，但对较复杂的控制电路，就不适用了。

3. 逻辑设计法

逻辑设计法是以布尔代数为理论基础，根据生产过程中各工步之间的各个检测元件（如行程开关、传感器等）状态的变化，列出检测元件的状态表，确定所需的中间记忆元件，再列出各执行元件的工序表，然后写出检测元件、中间记忆元件和执行元件的逻辑表达式，再转换成梯形图。该方法在单一的条件控制系统中，非常好用，相当于组合逻辑电路，但在和时间有关的控制系统中，就很复杂。

4. 顺序控制设计法

根据功能流程图，从起始步开始一步一步地设计下去，直至完成。此方法的关键是画出功能流程图。首先将被控制对象的工作过程按输出状态的变化分为若干步，并指出工步之间的转换条件和每个工步的控制对象。这种工艺流程图集中了工作的全部信息。在进行程序设计时，可以用中间继电器 M 来记忆工步，一步一步地顺序进行，也可以用顺序控制指令来实现。下面将详细介绍功能流程图的种类及编程方法。

（1）单流程及编程方法。

功能流程图的单流程结构形式简单，如图 5－24 所示。其特点是：每一步后面只有一个转换，每个转换后面只有一步。各个工步按顺序执行，上一工步执行结束，转换条件成立，立即导通下一工步，同时关断上一工步。用顺序控制指令来实现功能流程图的编程方法，在前面的章节已经介绍过了，这里将重点介绍用中间继电器 M 来记忆工步的编程方法。

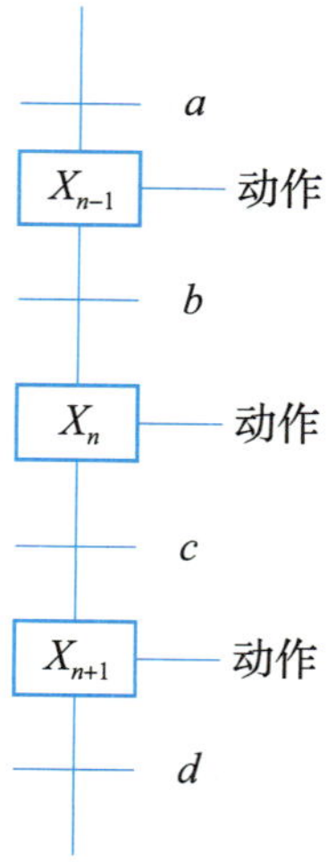

图 5－24　单流程结构

在图 5－24 中，当 $n-1$ 为活动步时，转换条件 b 成立，则转换实现，n 步变为活动步，同时 $n-1$ 步关断。由此可见，第 n 步成为活动步的条件是：$X_{n-1}=1$，$b=1$；第 n 步关断的条件只有一个：$X_{n+1}=1$。用逻辑表达式表示功能流程图的第 n 步导通和关断条件为：

$$X_n=(X_{n-1}b+X_n)\overline{X}_{n+1}$$

式中，等号左边的 X_n 为第 n 步的状态，等号右边的 X_{n+1} 表示关断第 n 步的条件，X_n 表示自保持信号，b 表示转换条件。

（2）选择分支及编程方法。

选择分支分为两种，图 5－25 所示为选择分支开始，图 5－26 所示为选择分支结束。

选择分支开始指一个前级步后面紧接着若干后续步可供选择，各分支都有各自的转换条件，在图中则表示为代表转换条件的短划线在各自分支中。

选择分支结束又称为选择分支合并，是指几个选择分支在各自的转换条件成立时转换到一个公共步上。

在图 5－25 中，假设 2 为活动步，若转换条件 $a=1$，则执行工步 3；若转换条件 $b=1$，则执行工步 4；若转换条件 $c=1$，则执行工步 5；即哪个条件满足，则选择相应的分支，同时关断上一步 2，一般只允许选择其中一个分支。在编程时，若图 5－25 中的工步 2、3、4、5 分别用 M0.0、M0.1、M0.2、M0.3 表示，则当 M0.1、M0.2、M0.3 之一为活动步时，都将导致 M0.0＝0，所以在梯形图中应将 M0.1、M0.2 和 M0.3 的常闭触点与 M0.0 的线圈串联，作为关断 M0.0 步的条件。

在图 5－26 中，如果工步 6 为活动步，转换条件 $d=1$，则工步 6 向工步 9 转换；如果工步 7 为活动步，转换条件 $e=1$，则工步 7 向工步 9 转换；如果工步 8 为活动步，转换条件 $f=1$，则工步 8 向工步 9 转换。若图 5－26 中的工步 6、7、8、9 分别用 M0.4、M0.5、M0.6、M0.7 表示，则 M0.7（工步 9）的起动条件为 M0.4 • d＋M0.5 • e＋M0.6 • $f\neq0$。在梯形图中，则为 M0.4 的常开触点串联与 d 转换条件对应的触点、M0.5 的常开触点串联与 e 转换条件对应的触点、M0.6 的常开触点串联与 f 转换条件对应的触点，三条支路并联后作为 M0.7 线圈的起动条件。

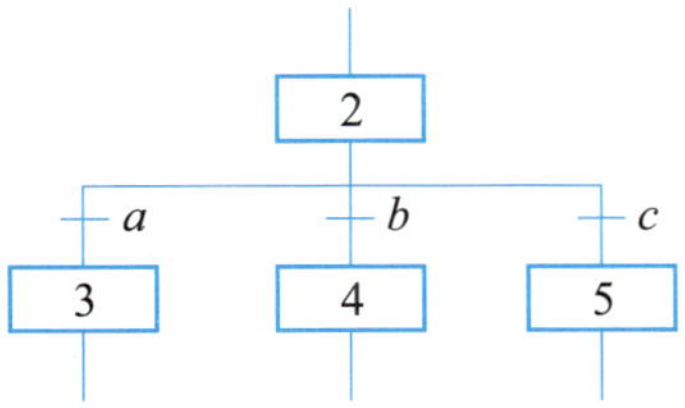

图 5－25　选择分支开始

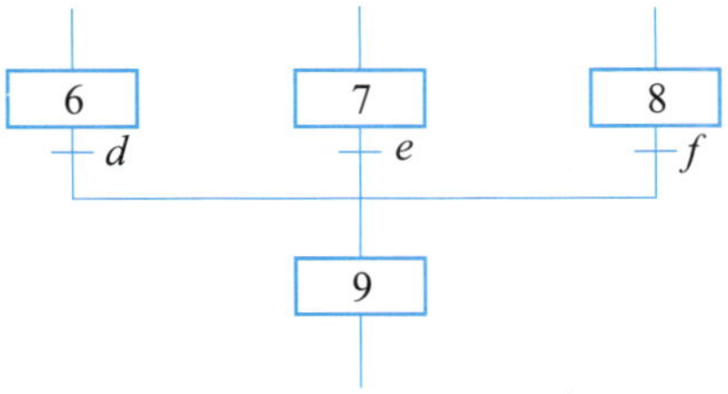

图 5－26　选择分支结束

（3）并行分支及编程方法。

并行分支也分两种，图 5－27 所示为并行分支开始，图 5－28 所示为并行分支结束，也称为合并。并行分支的开始是指当转换条件实现后，同时使多个后续步激活。为了强调转换的同步实现，水平连线用双线表示。在图 5－27 中，当工步 2 处于激活状态时，若转换条件 $e=1$，则工步 3、4、5 同时起动，工步 2 必须在工步 3、4、5 都起动后，才能关断。并行分支的合并是指当前工步 6、7、8 都为活动步，且转换条件 f 成立时，导通工步 9，同时关断工步 6、7、8。

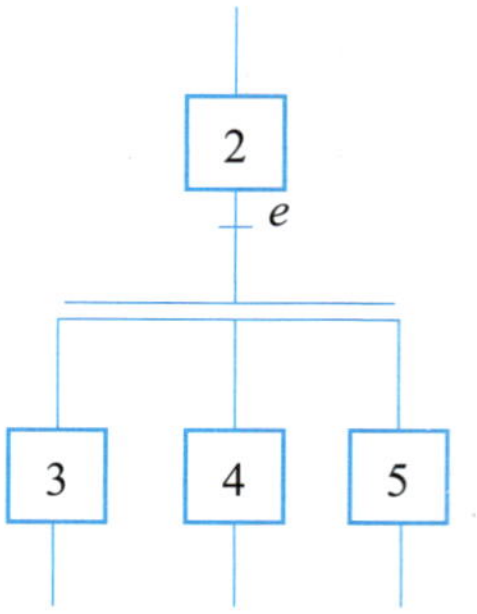

图 5－27　并行分支开始

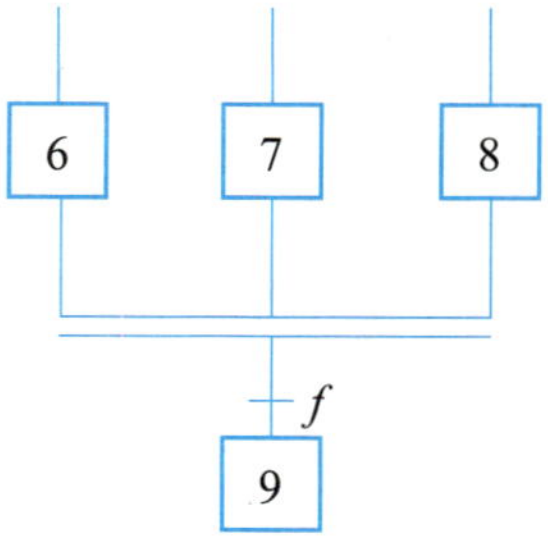

图 5－28　并行分支结束

单元 5　习题

单元 6

组态工程的制作

本单元将进行组态王的学习，了解并熟练运用组态王制作简单的工程项目，了解组态王的优点，并掌握在工业控制中组态画面充当着怎样的角色。

学习目标

1. 组态控制技术的基本概念；
2. 组态王控制软件的优点；
3. 组态王控制软件的基本功能；
4. 使用组态王制作简单的工程项目。

任务 6.1　组态控制技术的基本概念

在使用工控软件时，经常会提到组态一词，组态的英文是 Configuration，其意义究竟是什么呢？简单地讲，组态就是用应用软件中提供的工具、方法，完成工程中某一具体任务的过程。

与硬件生产相对比，组态与组装类似。例如，要组装一台计算机，事先提供了各种型号的主板、机箱、电源、CPU、显示器、硬盘、光驱等，我们的工作就是用这些部件拼装成自己需要的计算机。当然，软件中的组态要比硬件的组装有更大的发挥空间，因为它一般要比硬件中的“部件”更多，而且每个“部件”都很灵活。软部件都有内部属性，通过改变属性可以改变其规格（如大小、性状、颜色等）。

在组态概念出现之前，要实现某一任务，都是通过编写程序（如使用 BASIC、C、

FORTRAN 等）来实现的。编写程序不但工作量大、周期长，而且容易犯错误，不能保证工期。组态软件的出现，解决了这个问题。对于过去需要几个月才能完成的工作，用组态软件几天就可以完成。

组态软件具有专业性。一种组态软件只能适合某种领域的应用。组态的概念最早出现在工业计算机控制中，如 DCS（集散控制系统）组态、PLC（可编程控制器）梯形图组态。人机界面生成软件就叫工控组态软件。其实在其他行业也有组态的概念，人们只是不这么叫而已，如 AutoCAD、PhotoShop、办公软件（PowerPoint）都存在相似的操作，即用软件提供的工具来形成自己的作品，并以数据文件的形式保存作品，而不是执行程序。组态形成的数据只有其制造工具或其他专用工具才能识别。但是不同之处在于，工业控制中形成的组态结果是用于实时监控。组态工具的解释引擎，要根据这些组态结果实时运行。从表面上看，组态工具的运行程序就是执行自己特定的任务。

虽然说组态不需要编写程序就能完成特定的应用。但是为了提供一些灵活性，组态软件也提供了编程手段，一般都是内置编译系统提供类 BASIC 语言，有的甚至支持 VB。

1. 组态软件的发展趋势

组态软件是工业应用软件的一个组成部分，其发展受到很多因素的制约。归根结底，应用的带动对其发展起着最为关键的作用。

传感器、数据采集装置、控制器的智能化程度越来越高，实时数据浏览和管理的需求日益高涨，有的客户甚至要求在自己的办公室里监控订货的制造过程。有的装置直接内嵌 Web Server，通过以太网就可以直接访问过程实时数据。即使这样也不能认为不再需要组态软件了。

用户要求的多样化，决定了不可能有哪一种产品囊括全部用户的所有要求，直接用户对监控系统人机界面的需求不可能固定为单一的模式，因此直接用户的监控系统是始终需要“组态”和“定制”的。这就导致组态软件不可能退出市场，因为需求是存在的。

类似 OPC 这样的组织出现，以及现场总线、工业以太网的快速发展，大大简化了异种设备间互连、开发 I/O 设备驱动软件的工作量。I/O 驱动软件也逐渐会朝标准化的方向发展。

2. 组态软件功能的变迁

由单一的人机界面朝着数据处理机方向发展，管理的数据量越来越大。最早的组态软件用来支撑自动化系统的硬件。那时，硬件系统如果没有组态软件的支撑就很难发挥作用，甚至不能正常工作。现在的情况有了很大的改观。一方面部分软件与硬件发生分离，大部分自动化系统的硬件和软件不是由同一个厂商提供，这样就为自动化软件的发展提供了可以充分发挥作用的舞台。

实时数据库的作用将进一步加强。实时数据库存储和检索的是连续变化的过程数据，它的发展离不开高性能计算机和大容量硬盘。现在越来越多的用户通过实时数据库来分析生产情况、汇总和统计生产数据，作为指挥、决策的依据。

在最终用户的眼中，组态软件在一个自动化系统中发挥的作用逐渐增大，甚至有的系统根本就不能缺少组态软件。这其中的主要原因是软件功能强大，用户也存在普遍的需求，广大用户在厂家强大的宣传攻势面前逐渐认清了软件的价值所在。

3. 推动组态软件发展的动力

需求是推动组态软件发展的第一动力，市场会逐步扩大。组态软件市场的崛起一方面为最终用户节省了系统投资，另一方面为用户解决了实际问题。现在用户购买组态软件虽然也需要一定的投资，但是和以前相比，投资额得到了大幅降低。使用组态软件，用户可以做到"花少量的钱，办成大事情"。

我国的现代化建设正处于上升期，一方面，新项目的开启、基础设施的改造需要大量的组态软件；另一方面，传统产业的改造、原有系统的升级和扩容也需要组态软件的支撑。

社会信息化的加速是组态软件市场增长的强大推动力。随着经济发展水平的提升，信息化社会将为组态软件带来更多的市场机会。

4. 用户对组态软件的需求变化

专用系统所占比例日益提高。组态软件的灵活程度和使用效率是相互矛盾的，虽然组态软件提供了很多灵活的技术手段，但是在多数情况下，用户只使用其中的一小部分，而使用方法的复杂化又给用户熟悉和掌握软件带来了很多不必要的麻烦。这也是现在仍然有很多用户还在用 VB 编写自动化监控系统的主要原因。在有些应用领域，自动监控的目标及其特性比较单一（或可枚举，或可通过某种模板自主定义、添加、删除、编辑）且数量较多，用户希望自动生成大部分自动监控系统。如电梯自动监控、动力设备监控、铁路信号监控等应用系统。这种应用系统具有一些"傻瓜"型软件的特征，用户只需用组态软件做一些系统硬件及其参数的配置，就可以自动生成某种特定模式的自动监控系统。如果用户对自动生成的监控系统的图形界面不满意，还可以进行任意修改和编辑，这样既满足了用户对简便性的要求，又配备了比较完善的编辑工具。

组态软件应该向更多的应用领域拓展和渗透。目前的组态软件均产生于过程工业自动化，很多功能没有考虑其他应用领域的需求。例如，化验分析（色谱仪、红外仪等，包括在线分析）、虚拟仪器、测试（如测井、机械性能试验、碰撞试验等的数据记录与回放等）、信号处理（如记录和显示轮船的航行数据：雷达信号、GPS 数据、舵角、风速等）。这些领域大量地使用实时数据处理软件，而且需要人机界面，但是由于现有组态软件为这些应用领域考虑得太少，不能充分满足系统的要求，因而目前这些领域仍然是专用软件占据统治地位。随着计算机技术的飞速发展，组态软件应该更多地总结这些领域的需求，设计出符合应用需求的开发工具，更好地满足这些行业对软件的需求，进一步减少这些行业在自动测试、数据分析方面的软件成本，提高系统的开放程度。

在过去的十年间，工业 PC 及其相关的数据采集、监控系统硬件的销售额一直保持高额增长。工业 PC 的成长是因为软件开发工具丰富，比较容易上手。而用户接受工业 PC 的主要原因是一次性硬件成本得到了降低，但是后续的维护和升级费用高昂，经常带来一些间接损失。商品化嵌入式组态软件可以有效地解决工业 PC 监控系统的工作效率、维护和升级等问题，彻底摆脱个人行为的束缚，使工业 PC 监控系统踏入自动化系统高端市场。

5. 影响组态软件发展的因素

软件质量是影响产品发展的主要因素。在竞争不断加剧的今天，企业规模、科研开发的投入量、质量体系建设情况等对组态软件的质量影响很大。

6. 未来技术走势

很多新的技术将不断地被应用到组态软件中，组态软件装机总量的提高会促进在某些专业领域专用版软件的诞生，市场会被自动地细分。为此，一种称为“软总线”的技术将被广泛采用。在这种体系结构下，应用软件以中间件或插件的方式被“安装”在总线上，并支持热插拔和即插即用。这样做的优点是：所有插件遵从统一标准，插件的专用性强，每个插件开发人员之间不需要协调，一个插件出现故障不会影响其他插件的运行。XML 技术将被组态软件厂商善加利用，以改变现有的体系结构。它的推广也将改变现有组态软件的某些使用模式，满足更为灵活的应用需求。

7. 国际化及入世的影响

长期以来，国内的组态软件市场都是由国外的产品占主要份额，我国本土的组态软件进入国际市场还有很长的路要走，需要具有综合优势。我国的工程公司、自动化设备生产商在国际市场取得优势，对组态软件进入国际市场也具有一定的推动作用。

与其他软件产品相比，组态软件和 IT 类软件不同，有自己的特殊性，具有系统的概念，使用范围也不是很广，面临的国际竞争没有其他类似于办公软件或操作系统那样激烈，因此我国的软件很容易崛起。但是毕竟我们是跟在国外产品的后面发展起来的，要想全面超过国外的竞争对手，就必须坚持走好自己的道路，突出特色，以客户需求为中心，积极创新。只有这样，我国的软件才能够具有稳固的根基。

任务 6.2　组态王软件的基本概念

组态王软件是一种通用的工业监控软件，它融入过程控制设计、现场操作以及工厂资源管理于一体，将一个企业内部的各种生产系统和应用以及信息交流汇集在一起，实现最优化管理。它基于微软 Windows 操作系统，用户可以在企业网络的所有层次的各个位置上都可以及时获得系统的实时信息。采用组态王软件开发工业监控工程，可以极大地增强用户的生产控制能力、提高工厂的生产力和效率、提高产品的质量、减少成本及原材料的消耗。它适用于从单一设备的生产运营管理和故障诊断，到网络结构分布式大型集中监控管理系统的开发。

组态王软件结构由工程管理器、工程浏览器及运行系统三部分构成。

工程管理器：工程管理器用于新工程的创建和已有工程的管理，对已有工程进行搜索、添加、备份、恢复以及实现数据词典的导入和导出等功能。

工程浏览器：工程浏览器是一个工程开发设计工具，用于创建监控画面、监控的设备及相关变量、动画链接、命令语言以及设定运行系统配置等的系统组态工具。

运行系统：工程运行界面，从采集设备中获得通信数据，并依据工程浏览器的动画设计显示动态画面，实现人与控制设备的交互操作。

组态王 6.5 是亚控科技在组态王 6.0x 系列版本成功应用后，广泛征询数千家用户的需求和使用经验，采取先进软件开发模式和流程，由 10 多位资深软件开发工程师历时一年多开发，并由 40 多位试用户进行一年多的实际现场考验而最终形成的。其具有使用更方便，功能更强大，性能更优异，软件更稳定，质量更可靠的优点。

1. 组态王 6.5 的特点

（1）Internet 时代的杰作。

随着 Internet 科技日益渗透到生产、生活的各个领域，自动化软件的趋势已发展成为整合 IT 与工厂自动化的关键。亚控科技一直是这个领域的开拓者，组态王 6.5 的 Internet 版本立足于门户概念，采用最新的 Java 2 核心技术，功能更丰富，操作更简单。整个企业的自动化监控将以一个门户网站的形式呈现给使用者，不同工作职责的使用者使用各自的授权口令完成各自的操作。这包括现场的操作者可以完成设备的起停，中控室的工程师可以完成工艺参数的整定，办公室的决策者可以实时掌握生产成本、设备利用率及产量等数据。组态王 6.5 的 Internet 功能逼真再现现场画面，使用户在任何时间任何地点均可实时掌控企业每一个生产细节，现场的流程画面、过程数据、趋势曲线、生产报表（支持报表打印和数据下载）、操作记录和报警等均可轻松浏览。当然，用户必须要有授权口令才能完成这些。用户还可以自己编辑发布网站首页信息和图标，成为真正企业信息化的 Internet 门户。

（2）性能卓越的分布式高速历史库——柔性结构，按需配置。

过程数据的存储功能对于任何一个工业自动化系统来说都是至关重要的。随着自动化程度的进一步提高，用户对重要数据的存储和使用的要求也越来越高。面对大批量实时数据的存储，必须解决同步存储速度响应慢、数据易丢失、存储时间短、存储占用空间大、数据读取访问速度慢等用户最关心的问题。因为用户需要一个实时的、记录准确的、高效的、可节约用户硬件成本的工业过程数据存储方案。组态王 6.5 顺应用户的期望，提供支持毫秒级高速历史数据的存储和查询功能的工业过程数据库，是真正的企业级生产过程数据仓库。采用最新数据压缩和搜索引擎技术，数据压缩比优于 20%，节约用户硬件成本；一个月内的数据（单点，记录间隔 10s）按照每小时间隔，在百毫秒内即可完成查询。真正实现历史库数据的数据追记、数据合并，可以将特殊设备中存储的历史数据片段通过组态王驱动程序完整地合并到历史数据服务器中；也可以将远程站点上的组态王历史数据片段合并到历史数据服务器上。

（3）创造服务新理念——基于组态王的分布式多媒体报警应用系统。

对于一个工厂自动化系统来说，关键参数的实时状态跟踪至关重要，报警功能作为实现的手段是必不可少的。如何能及时准确地获取报警信息对于工程人员来说存在很大的挑战，因为我们不能时刻守在运行的设备周围等待报警的出现。综合用户需求，可以提出解决即时通知报警的一揽子系统。

1）视频：记录现场实时生产过程画面，支持本地或远程实时播放、保存、多画面、回放，同时可以对云台和摄像头进行远程控制。超视距的现场监控得以实现。

2）短信息：进行短消息设置报警项目，如报警对象、短消息的发送时间、接收对象、发送内容等，发送给指定人员，在第一时间将最关键的信息发送给最关心的人。

3）电子邮件：进行电子邮件设置报警项目，如报警对象、电子邮件地址、邮件服务器地址、发送内容等，发送给指定人员。通过无处不在的网络，用户可以随时了解现场设备的运行情况，一切尽在掌握。

4）语音：可以通过电话进行报警，当报警产生时呼叫事前设置好的电话号码，报告用户最关心的内容。用户还可以进行报警确认和报警状态查询，简约查询现场设备的运行情况。

（4）精益求精，追求细节的最好体现、画面改进。

1）支持大画面、导航图：用户可以制作任意大小的画面，利用滚动条和导航图控制画面显示内容；绘制、移动、选择图素时，画面自动跟踪滚动。

2）方便的变量替换：可以单独替换某个画面中的变量，也可以在画面中任意选中的图素范围内进行变量替换。

3）自定义菜单：支持二级子菜单。

4）丰富的提示文本：系统提供丰富的图素提示条文本，包括简单图素和组合图素。

5）任意选择画面中的图素：在画面中结合使用键盘和鼠标可以任意选择多个图素进行组合、排列等操作。

（5）变量。

1）定义结构成员时可以定义基本属性，如变量属性、报警属性和记录属性等。

2）定义结构变量时自动继承结构成员的属性。

3）结构变量可整体赋值。

4）结构变量可作为自定义函数的参数。

5）在数据词典中可以任意选择多个变量集中修改变量共有属性。

（6）非线性表。

非线性表新增导入导出功能，能导出逗号分隔文件（*.csv），可在文本状态进行编辑或传送，编辑完成后还可导入，据此可实现不同工程中的非线性表重复利用。网络状态的控制和显示通过引用网络上计算机的"$网络状态"变量得到网络通信的状态。同时，能够对网络的通信状态进行控制。对于定义"网络节点"的网络通信方式，可在网络设备上建立 Commerr 寄存器来完成网络状态的显示和控制。

2. 其他常见组态软件简介

（1）InTouch。

InTouch HMI 为用户提供了 HMI 和监控应用所需的能力和通用性。Wonderware 在研究与开发中进行了大量投入，保证为用户提供新型的、强大的、创新的产品。其结果是：各种公司可以把他们的精力集中于业务的运转方面，而工程师可以利用最新的软件技术。

InTouch 软件适用于部署在独立机械、分布式的服务器/客户机体系结构、利用 FactorySuite 工业应用服务器中，也可以作为使用终端业务的瘦客户机应用。InTouch 是实现微软公司的"支持 Windows XP"认证的第一个 HMI 产品，可以从工作站、个人数字助理（PDA）和浏览器观看显示内容。

（2）MCGS。

MCGS（Monitor and Control Generated System）是由北京昆仑通态自动化软件公司开发的一套基于 Windows 平台，用于快速构造和生成上位机监控系统的组态软件系统。

MCGS 5.5 通用版是北京昆仑通态数十位软件开发精英，历时整整一年时间，辛勤耕耘的结晶。MCGS 5.5 通用版在界面的友好性、内部功能的强大性、系统的可扩充性、用户的使用性以及设计理念上都有一个质的飞跃，是国内组态软件行业划时代的产品，将带领国内的组态软件上一个新的台阶。MCGS 能够完成现场数据采集、实时和历史数据处理、报警和安全机制、流程控制、动画显示、趋势曲线和报表输出以及企业网络监控等功能。

（3）WinCC。

WinCC 运行于个人计算机环境，可以与多种自动化设备及控制软件集成，具有丰富的设置项目、可视窗口和菜单选项，使用方式灵活，功能齐全。用户在其友好的界面下进行组态、编程和数据管理，可形成所需的操作画面、监视画面、控制画面、报警画面、实时趋势曲线、历史趋势曲线和打印报表等。它为操作者提供了图文并茂、形象直观的操作环境，不仅缩短了软件设计周期，而且提高了工作效率。WinCC 运行于 Microsoft Windows 2000/XP 下，已发展成为欧洲市场中的领导者，是业界遵循的标准。如果用户想使设备和机器最优化运行，想最大程度地提高工厂的可用性和生产效率，WinCC 是上乘之选。

（4）ForceControl（力控）。

大庆三维公司的 ForceControl（力控）从时间概念上来说，也是国内较早出现的组态软件之一。只是早期力控一直没有作为正式商品被广泛推广，所以并不为大多数人所知。大约在 1993 年，力控就已形成了第一个版本，只是那时还是一个基于 DOS 和 VMS 系统的版本。后来随着 Windows 3.1 的流行，又开发出了 16 位 Windows 版的力控。但直至 Windows 95 版本的力控诞生之前，力控都主要用于公司内部的一些项目。32 位 Windows 的 1.0 版的力控，在体系结构上就已经具备了较为明显的先进性，其最大的特征之一就是基于真正意义的分布式实时数据库的三层结构，而且实时数据库结构为可组态的活结构。1999—2000 年期间，力控得到了长足的发展，最新推出的 2.0 版在功能的丰富特性、易用性、开放性和 I/O 驱动数量等方面都得到了很大的提高。在很多环节的设计上，力控都能从国内用户的角度出发，既注重实用性，又不失规范性。另外，公司在产品的培训、用户技术支持等方面投入了较大人力，相信在较短时间内，力控软件产品将在工控软件界取得显著进展。

其他常见的组态软件还有 GE 的 Cimplicity、Rockwell 的 RsView、NI 的 LookOut、PCSoft 的 Wizcon 以及国内一些组态软件，这些软件也都各有特色。

任务 6.3　技能训练一　如何新建一个工程

1. 工程管理器的使用

组态王工程管理器用来建立新工程，对添加到工程管理器的工程进行统一管理。工程管理器的主要功能包括：新建、删除工程，对工程重命名，搜索组态王工程，修改工程属性，工程备份、恢复，数据词典的导入、导出，切换到组态王开发或运行环境等。假设用户已经正确安装了“组态王 6.52”，则可以通过以下方式启动组态王工程管理器：

选择“开始”→“程序”→“组态王 6.52”→“组态王 6.52”（或直接双击桌面上组态王的快捷方式），启动后的工程管理器窗口如图 6－1 所示。

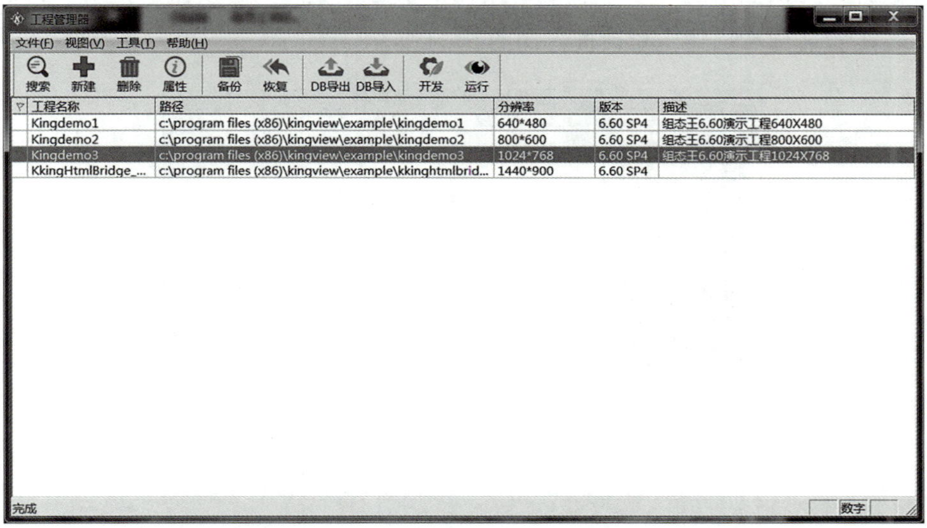

图 6－1　组态王工程管理器窗口

2. 建立新的组态王工程的步骤

要建立新的组态王工程，首先为工程指定工作目录（又称“工程路径”）。组态王用工作目录标识工程，不同的工程应置于不同的目录。工作目录下的文件由组态王自动管理。

创建新工程的路径：

（1）启动“组态王工程管理器”（ProjManager），选择菜单栏中的“文件”→“新建工程”或单击“新建”按钮，弹出如图 6－2 所示的对话框。

（2）单击“下一步”按钮，弹出“新建工程向导之二——选择工程所在路径”对话框，如图 6－3 所示。

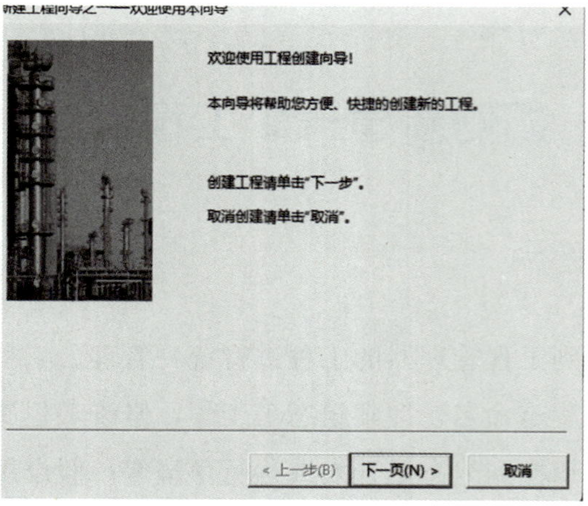

图 6-2　新建工程向导之一

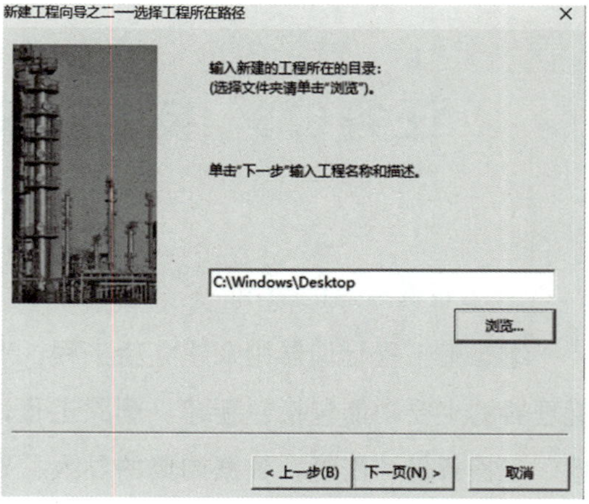

图 6-3　新建工程向导之二

（3）在工程路径文本框中输入一个有效的工程路径，或单击“浏览...”按钮，在弹出的“路径选择”对话框中选择一个有效的路径，单击“下一步”按钮，弹出“新建工程向导之三——工程名称和描述”对话框，如图 6-4 所示。

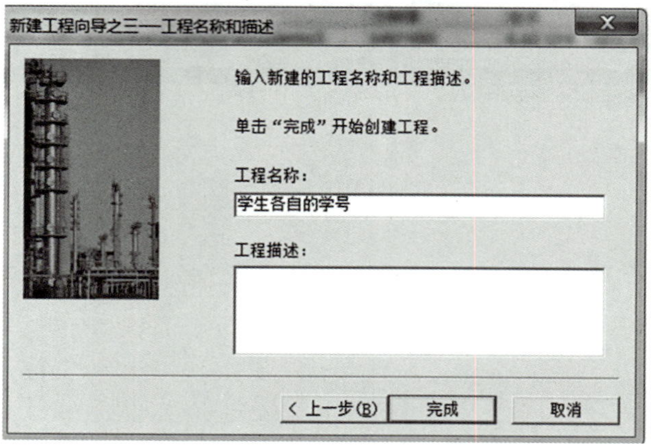

图 6-4　新建工程向导之三

（4）在“工程名称”文本框中输入工程的名称，该工程名称同时将被作为当前工程的路径名称。在“工程描述”文本框中输入对该工程的描述文字。工程名称长度应小于 32 个字符，工程描述长度应小于 40 个字符。单击“完成”按钮完成工程的新建。系统会弹出如图 6-5 所示的对话框，询问用户是否将新建工程设为组态王当前工程。

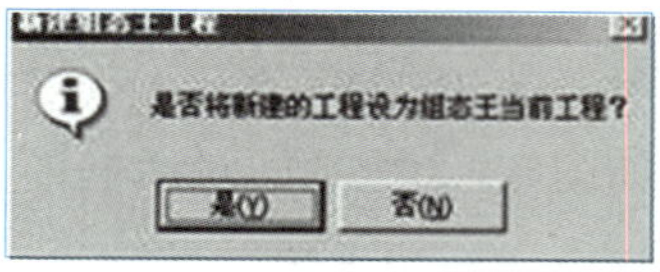

图 6-5　是否将新建的工程设为组态王当前工程

任务 6.4　技能训练二　组态王工程变量的建立及 I/O 设备管理

数据库是组态王软件的核心部分，工业现场的生产状况要以动画的形式呈现在屏幕上，操作者在计算机前发布的指令也要迅速传达生产现场，所有这一切都是以实时数据库为中介环节，所以说数据库是联系上位机和下位机的桥梁。在 TouchVew 运行时，它含有全部数据变量的当前值。变量在画面制作系统组态王画面开发系统中定义，定义时要指定变量名和变量类型，某些类型的变量还需要一些附加信息。数据库中变量的集合形象地被称为数据词典。数据词典记录了所有用户可使用的数据变量的详细信息。

1. 基本变量类型

变量的基本类型共有两类：内存变量、I/O 变量。I/O 变量是指可与外部数据采集程序直接进行数据交换的变量，如下位机数据采集设备（如 PLC、仪表等）或其他应用程序（如 DDE、OPC 服务器等）。这种数据交换是双向的、动态的，就是说：在组态王系统运行过程中，每当 I/O 变量的值改变时，该值就会自动写入下位机或其他应用程序；每当下位机或应用程序中的值改变时，组态王系统中的变量值也会自动更新。所以，那些从下位机采集来的数据、发送给下位机的指令，如“反应罐液位”“电源开关”等变量，都需要设置成 I/O 变量。

内存变量是指那些不需要和其他应用程序交换数据，也不需要从下位机得到数据，只在组态王内需要的变量，如计算过程的中间变量，就可以设置成内存变量。

变量的数据类型：组态王中变量的数据类型与一般程序设计语言中的变量比较类似，主要有以下几种：

（1）实型变量：类似于一般程序设计语言中的浮点型变量，用于表示浮点（float）型数据，取值范围为−3.40E+38～+3.40E+38，有效值为 7 位。

（2）离散变量：类似于一般程序设计语言中的布尔（BOOL）变量，只有 0、1 两种取值，用于表示一些开关量。

（3）字符串型变量：类似于一般程序设计语言中的字符串变量，可用于记录一些有特定含义的字符串，如名称、密码等。该类型变量可以进行比较运算和赋值运算。字符串长度最大值为 128 个字符。

（4）整数变量：类似于一般程序设计语言中的有符号长整数型变量，用于表示带符号的整型数据，取值范围为−2147483648～2147483647。

（5）结构变量：当组态王工程中定义了结构变量时，在变量类型的下拉列表中会自动列出已定义的结构变量，一个结构变量作为一种变量类型。结构变量下可包含多个成员，每个成员就是一个基本变量，成员类型可以为内存离散、内存整型、内存实型、内存字符串、I/O 离散、I/O 整型、I/O 实型、I/O 字符串。

2. 组态王工程 I/O 设备管理

组态王的设备管理结构列出已配置的与组态王通信的各种 I/O 设备名，每个设备名实际上是具体设备的逻辑名称（简称逻辑设备名，以此区别 I/O 设备生产厂家提供的实际设备名），每个逻辑设备名对应一个驱动程序，以此与实际设备相对应。组态王的设备管理增加了驱动设备的配置向导，工程人员只要按照配置向导的提示进行相应的参数设置，选择 I/O 设备的生产厂家、设备名称、通信方式，指定设备的逻辑名称和通信地址，则组态王自动完成驱动程序的启动和通信，不再需要工程人员进行人工操作。

组态王采用工程浏览器界面来管理硬件设备，已配置好的设备统一列在工程浏览器界面下的设备分支中，如图 6－6 所示。

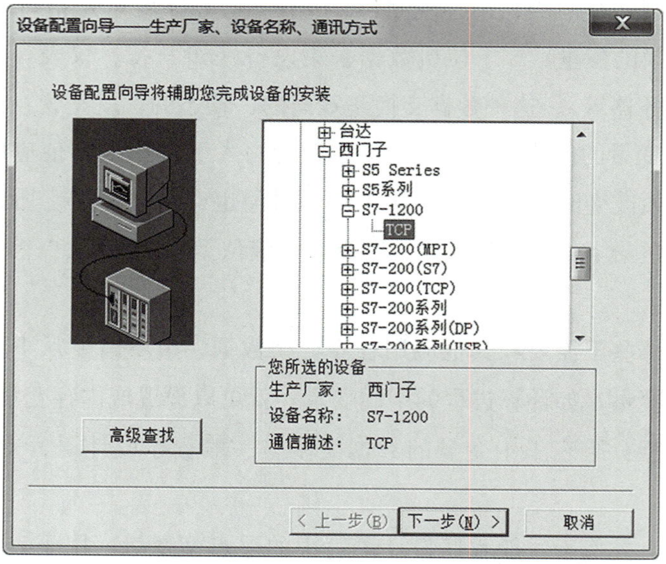

图 6－6　工程浏览器界面

为保证用户对硬件的方便使用，在完成设备配置与连接后，用户在组态王开发环境中就可以对硬件进行测试。对于测试的寄存器可以直接将其加入变量列表中。当用户选择某个设备后，单击鼠标右键弹出快捷菜单，除 DDE 外的设备均有菜单项“测试　设备名”。例如，测试亚控 PLC 设备时，在设备名称上单击鼠标右键，弹出快捷菜单，选择“测试　亚控 PLC”，如图 6－7 所示。

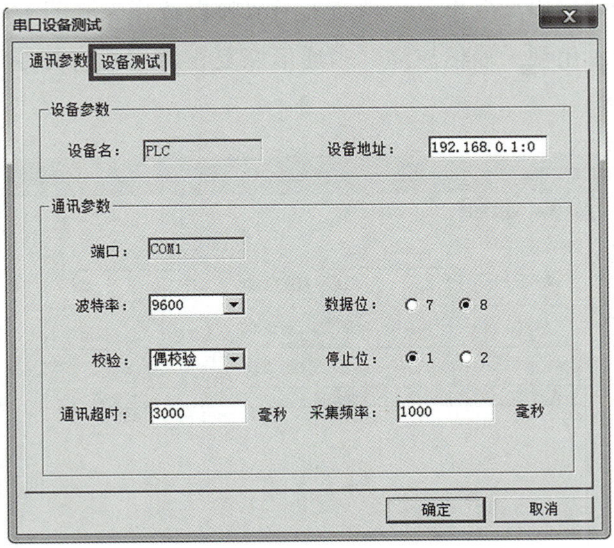

图 6-7　选择“测试　亚控 PLC”

使用设备测试时，选择“测试…”，对于不同类型的硬件设备将弹出不同的对话框。比如，对于串口通信设备亚控 PLC，将弹出如图 6-8 所示的对话框。

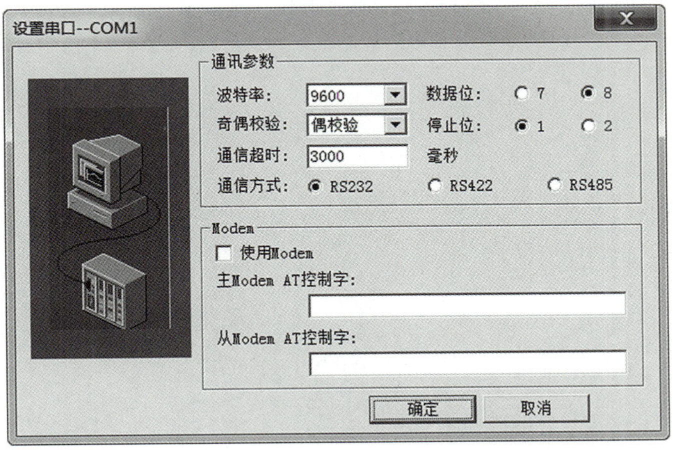

图 6-8　串口设备测试

该对话框包含两个选项卡：通讯参数、设备测试。“通讯参数”选项卡中主要定义设备连接的串口的参数、设备的定义等。

“设备测试”选项卡如图 6-9 所示，选择要进行通信测试的设备的寄存器。判断组态王和设备是否通信成功有三种方法：

（1）组态王的驱动程序（除 DDE 外）为每一个设备都定义了 Commerr 寄存器，该寄存器表示设备通信的状态，是故障状态还是正常。

（2）用户还可以通过修改该寄存器的值控制设备通信的通断。

（3）当某个设备通信出现故障时，画面上与故障设备相关联的 I/O 变量的数值输出显示都变为“???”，表示出现了通信故障。当通信恢复正常后，该符号消失，恢复为正常数据显示。

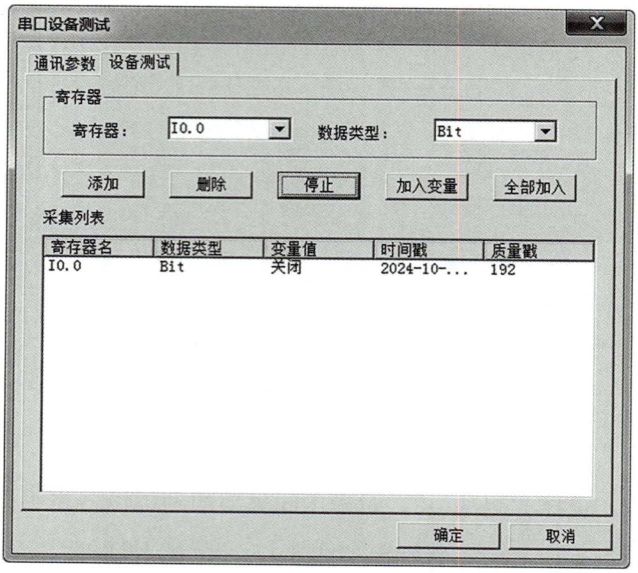

图 6-9 “设备测试”选项卡

任务 6.5 技能训练三 组态王工程组态画面制作

1. 画面及动画连接

工程人员在组态王开发系统中制作的画面都是静态的，那么它们如何才能反映工业现场的状况呢？这就需要通过实时数据库，因为只有数据库中的变量才是与现场状况同步变化的。数据库变量的变化又如何形成画面的动画效果呢？通过“动画连接”。“动画连接”就是建立画面的图素与数据库变量的对应关系。这样，当工业现场的数据，如温度、液面高度等发生变化时，通过 I/O 接口，将引起实时数据库中变量的变化，如果设计者曾经定义了一个画面图素，如指针（与这个变量相关），我们将会看到指针在同步偏转。

动画连接的引入是设计人机接口的一次突破，它把工程人员从重复的图形编程中解放出来，为工程人员提供了标准的工业控制图形界面，并且用可编程的命令语言连接来增强图形界面的功能。图形对象与变量之间有丰富的连接类型，给工程人员设计图形界面提供了极大的方便。组态王系统还为部分动画连接的图形对象设置了访问权限，这对于保障系统的安全具有重要的意义。图形对象可以按动画连接的要求改变颜色、尺寸、位置、填充百分数等，一个图形对象又可以同时定义多个连接。把这些动画连接组合起来，应用程序将呈现出令人难以想象的图形动画效果。

给图形对象定义动画连接是在“动画连接”对话框中进行的。在组态王开发系统中双击图形对象（不能有多个图形对象同时被选中），弹出“动画连接”对话框，如图 6－10 所示。

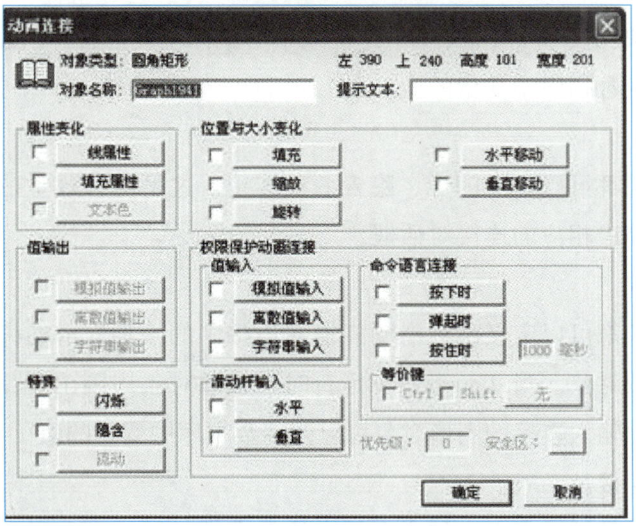

图 6－10 “动画连接”对话框

对话框的第一行标识出被连接对象的类型、在画面中的坐标以及图形对象的宽度和高度。

对话框的第二行提供“对象名称”和“提示文本”文本框。“对象名称”是为图素提供的唯一的名称，供以后的程序开发使用，暂时不能使用。“提示文本”是当图形对象定义了动画连接时，在运行时，鼠标放在图形对象上，将出现开发中定义的提示文本。

2. 动画连接的种类

（1）属性变化。

共有三种连接（线属性、填充属性、文本色），它们规定了图形对象的颜色、线型、填充类型等属性如何随变量或连接表达式值的变化而变化。单击任一按钮弹出相应的连接对话框。线类型的图形对象可定义线属性连接，填充形状的图形对象可定义线属性、填充属性连接，文本对象可定义文本色连接。

（2）位置与大小变化。

共有五种连接（水平移动、垂直移动、缩放、旋转、填充），它们规定了图形对象如何随变量值的变化而改变位置或大小。不是所有的图形对象都能定义这五种连接。单击任一按钮弹出相应的连接对话框。

（3）值输出。

只有文本图形对象能定义三种值输出连接中的某一种。这种连接用来在画面上输出文本图形对象的连接表达式的值。运行时，文本字符串将被连接表达式的值所替换，输出字符串的大小、字体和文本对象相同。单击任一按钮弹出相应的连接对话框。

（4）用户输入。

所有的图形对象都可以定义为三种用户输入连接中的一种，输入连接使被连接对象在运行时为触敏对象。当 TouchVew 运行时，触敏对象周围出现反显的矩形框，可由鼠标或键盘选中此触敏对象。按 Space 键、Enter 键或单击鼠标左键，会弹出输入对话框，可以从键盘键入数据以改变数据库中变量的值。

（5）特殊。

所有的图形对象都可以定义闪烁、隐含两种连接，这是两种规定图形对象可见性的连接。单击任一按钮弹出相应的连接对话框。

（6）滑动杆输入。

所有的图形对象都可以定义两种滑动杆输入连接中的一种，滑动杆输入连接使被连接对象在运行时为触敏对象。当 TouchVew 运行时，触敏对象周围出现反显的矩形框。按鼠标左键拖动有滑动杆输入连接的图形对象可以改变数据库中变量的值。

（7）命令语言连接。

所有的图形对象都可以定义三种命令语言连接中的一种，命令语言连接使被连接对象在运行时成为触敏对象。当 TouchVew 运行时，触敏对象周围出现反显的矩形框，可由鼠标或键盘选中。按 Space 键、Enter 键或单击鼠标左键，就会执行定义命令语言连接时用户输入的命令语言程序。单击相应按钮弹出连接的命令语言对话框。

（8）等价键。

设置被连接的图素在被单击执行命令语言时与鼠标操作相同功能的快捷键。

（9）优先级。

此编辑框用于输入被连接的图形元素的访问优先级。当软件在 TouchVew 中运行时，只有优先级不小于此值的操作员才能访问它，这是组态王保障系统安全的一个重要功能。

（10）安全区。

此编辑框用于设置被连接元素的操作安全区。当工程处在运行状态时，只有在设置安全区内的操作员才能访问它，安全区与优先级一样是组态王保障系统安全的一个重要功能。

（11）图形编辑。

图形编辑工具箱是绘图菜单命令的快捷方式。下面介绍动画制作时常用的图形编辑工具箱和其他几个常用工具。

每次打开一个原有画面或建立一个新画面时，图形编辑工具箱都会自动出现，如图 6－11 所示。

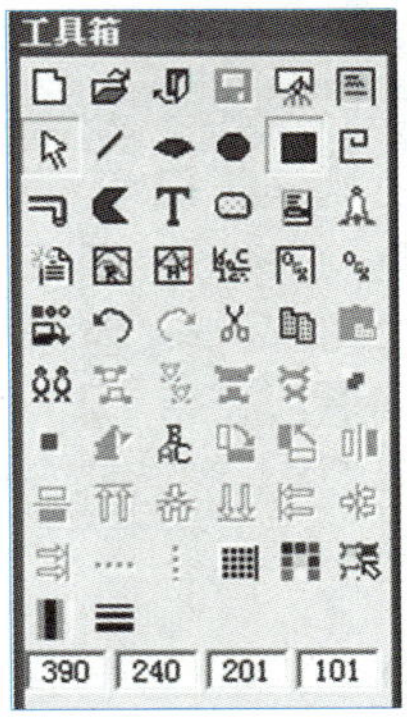

图 6－11　图形编辑工具箱

菜单“工具”→“显示工具箱”的左端有“√”号，表示选中菜单；没有“√”号，屏幕上的工具箱将同时消失；再一次选择此菜单，“√”号会出现，工具箱又显示出来。或使用 F10 键来切换工具箱的显示与隐藏，菜单如图 6－12 所示。

工具箱提供了许多常用的菜单命令，也提供了菜单中没有的一些操作。当鼠标放在工具箱任一按钮上时，立刻出现一个提示条，标明此工具按钮的功能，如图 6－13 所示。

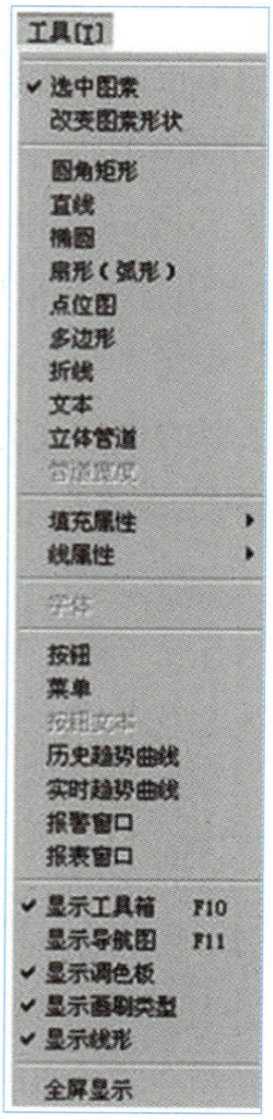

图 6-12　显示工具箱

图 6-13　工具箱提示

用户在每次修改工具箱的位置后，组态王会自动记忆工具箱的位置，当用户下次进入组态王时，工具箱返回上次用户使用时的位置。

任务 6.6　技能训练四　图片如何导入组态王工程

（1）准备一张图片，如图 6 - 14 所示。

图 6 - 14　准备一张图片

（2）进入组态王开发系统，单击工具箱中“点位图”图标，移动鼠标，在画面上画出一个矩形方框，如图 6 - 15 所示。

图 6 - 15　在画面上画出一个矩形方框

（3）选中该点位图对象，单击鼠标右键，弹出浮动式菜单，如图 6－16 所示。

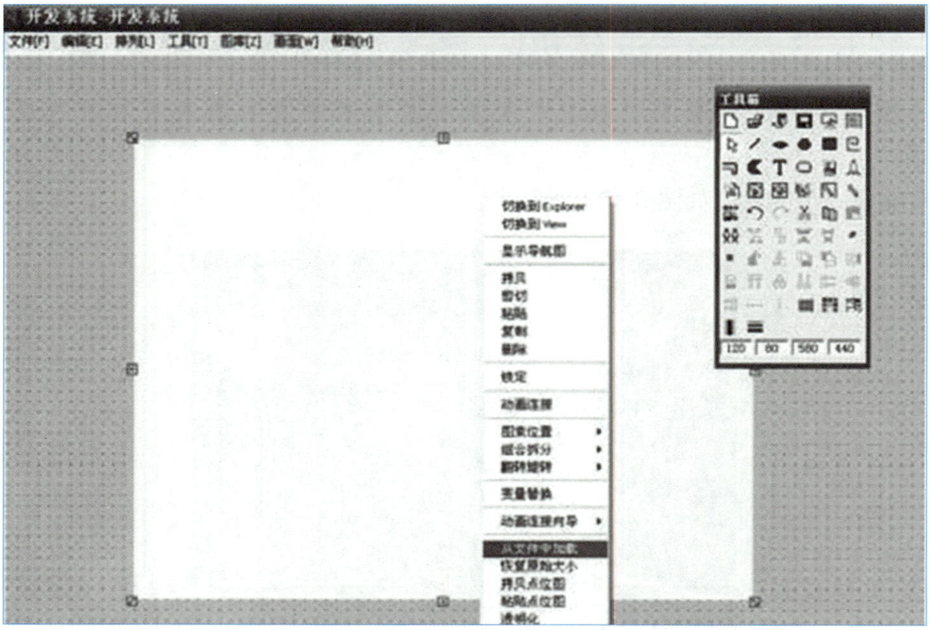

图 6－16　弹出浮动式菜单

（4）选择“从文件中加载”即可将事先准备好的图片粘贴过来，如图 6－17 所示。

图 6－17　将事先准备好的图片粘贴过来

任务 6.7　技能训练五　组态王工程安全管理

1. 开发系统工程加密

为了防止其他人员对工程进行修改，在组态王开发系统中可以分别对多个工程进行加密。当进入一个有密码的工程时，必须正确输入密码方可进入开发系统，否则不能打开该工程进行修改，从而实现了组态王开发系统的安全管理。

新建组态王工程，首次进入组态王浏览器，系统默认没有密码，可直接进入组态王开发系统。如果要对该工程的开发系统进行加密，可选择工程浏览器中的“工具”→“工程加密”，弹出“工程加密处理”对话框，如图 6-18 所示。

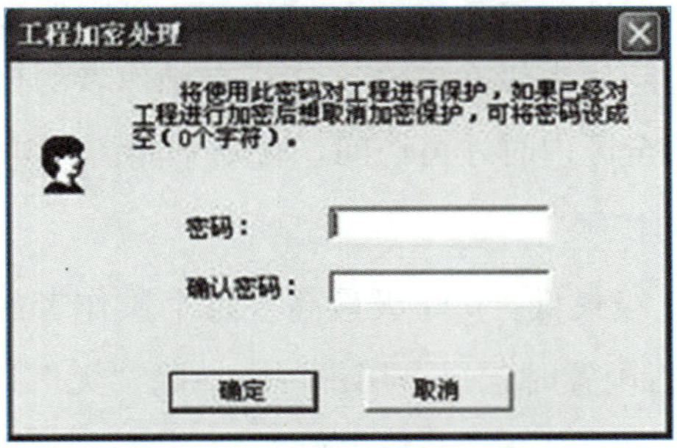

图 6-18　“工程加密处理”对话框

密码：输入密码，密码长度不超过 12 个字节，密码可以是字母（区分字母大小写）、数字、其他符号等。

确认密码：再次输入相同密码进行确认。

单击“取消”按钮将取消对工程实施加密操作；单击“确定”按钮后，系统将对工程进行加密。加密过程中系统会弹出提示信息框，提示对每个画面分别进行加密处理。当加密操作完成后，系统弹出“操作完成”提示框，如图 6-19 所示。

图 6-19　加密操作成功

退出组态王工程浏览器，每次在开发环境下打开该工程都会弹出“检查文件密码”对话框，要求输入密码，如图 6－20 所示。

密码输入正确后，将打开该工程。否则会出现如图 6－21 所示的对话框。

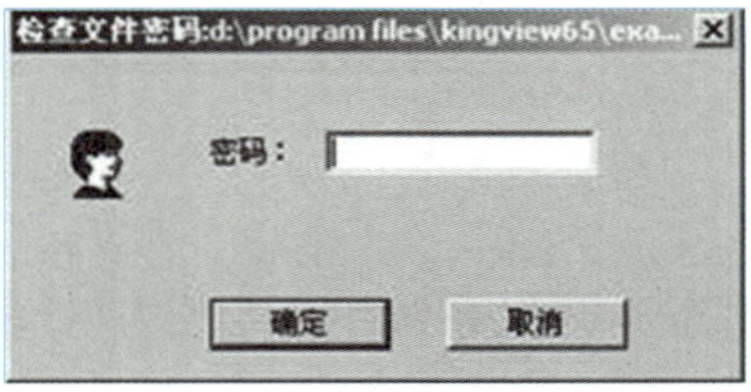

图 6－20　“检查文件密码”对话框

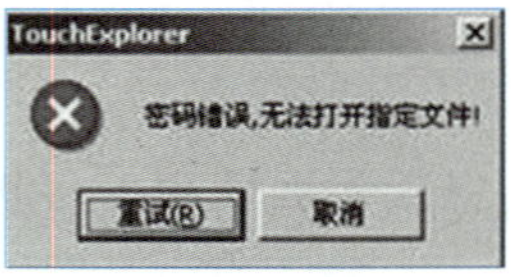

图 6－21　“密码错误”提示框

单击“重试”按钮将回到“检查文件密码”对话框，用户可重新输入密码。单击“取消”按钮，工程将无法打开。

2. 运行系统安全管理

在组态王系统中，为了保证运行系统的安全运行，对画面上的图形对象设置了访问权限，同时给操作者分配了访问优先级和安全区，只有操作者的优先级大于对象的优先级且操作者的安全区在对象的安全区内时才可访问，否则不能访问画面中的图形对象。

3. 设置用户的安全区与权限

优先级分 1～999 级，1 级最低，999 级最高。每个操作者的优先级只有一个。系统安全区共有 64 个，用户在进行配置时，每个用户可选择除“无”以外的多个安全区，即一个用户可有多个安全区权限。用户安全区及权限设置过程如下：

（1）在工程浏览器窗口左侧的“工程目录显示区”中，双击“系统配置”中的“用户配置”，弹出“用户和安全区配置”对话框，如图 6－22 所示。

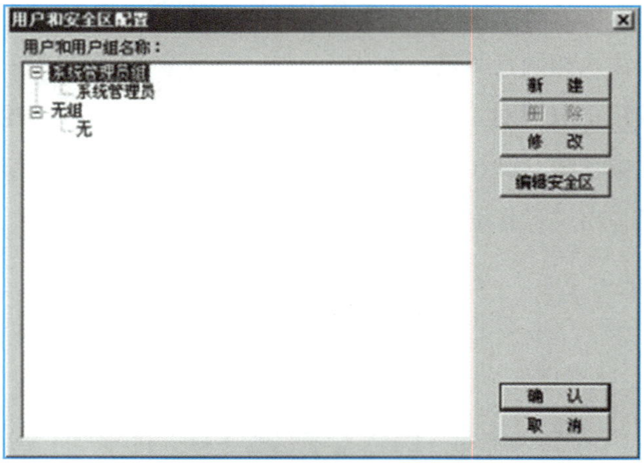

图 6－22　“用户和安全区配置”对话框

（2）在“用户和安全区配置”对话框中，单击“新建”按钮，在弹出的“定义用户组和用户”对话框中配置用户组，如图 6－23 所示。

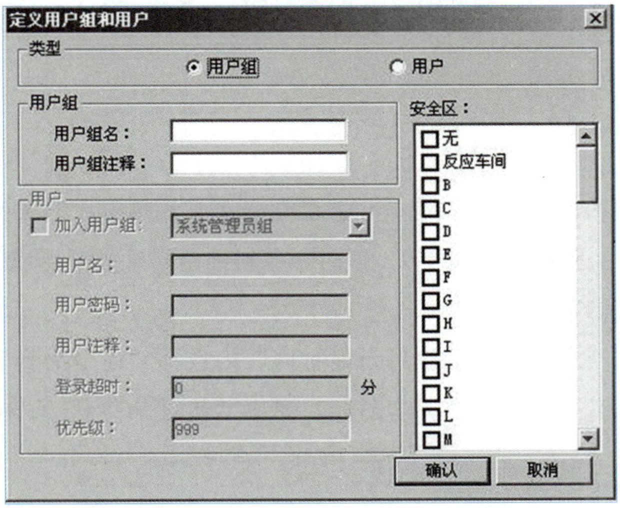

图 6－23　在“定义用户组和用户”对话框中配置用户组

对话框设置为：类型：用户组；用户组名：反应车间组；安全区：无。

（3）单击“确认”按钮关闭对话框，回到“用户和安全区配置”对话框后再次单击“新建”按钮，在弹出的“定义用户组和用户”对话框中配置用户，如图 6－24 所示，用户密码设置为 master。

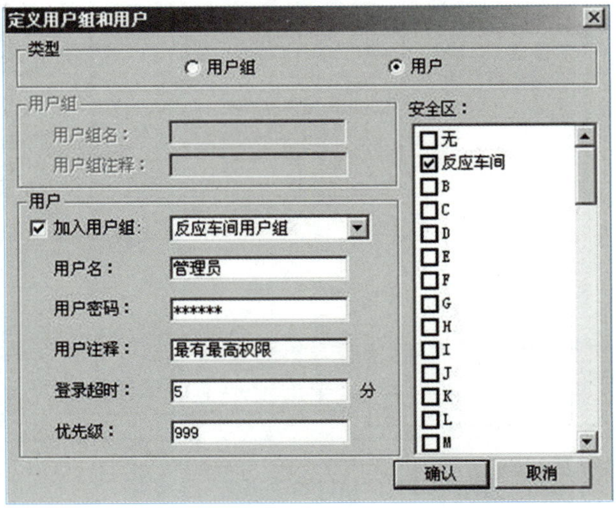

图 6－24　在“定义用户组和用户”对话框中配置用户

（4）利用同样的方法再建立两个操作员用户。

（5）单击“确认”按钮关闭“定义用户组和用户”对话框，用户安全区及权限设置完毕。

任务 6.8　技能训练六　组态王软件常用功能

1. 定义热键

在实际的工业现场，为了操作需要可能需要定义一些热键，当某键被按下时，系统会执行相应的控制命令。例如，当按下 F1 键时，原料油出料阀被开启或关闭，这可以用命令语言的一种热键命令语言来实现。

（1）在工程浏览器左侧的“工程目录显示区”内选择“命令语言”下的“热键命令语言”，双击“目录内容显示区”的新建图标，弹出“热键命令语言”对话框，如图 6-25 所示。

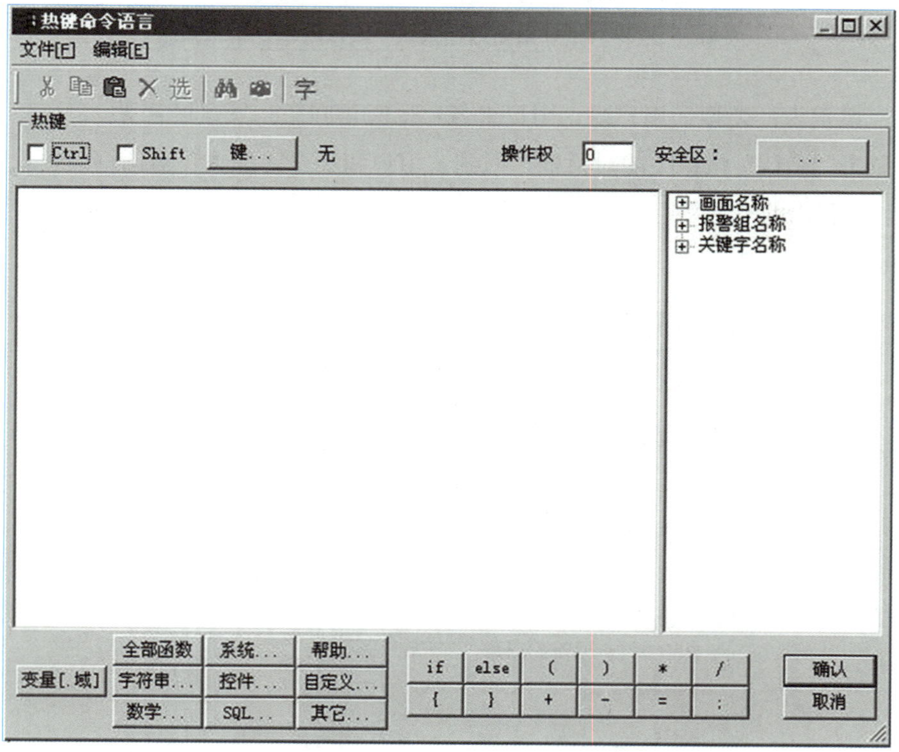

图 6-25　“热键命令语言”对话框

（2）在该对话框中单击“键...”按钮，在弹出的“选择键”对话框中选择 F1 键后关闭对话框。

(3) 在命令语言编辑区中输入如下命令语言：

```
if(\\本站点\原料油出料阀==1)        \\本站点\原料油出料阀=0;
\\本站点\原料油出料阀=1;
```

(4) 单击“确认”按钮关闭对话框。当系统进入运行状态时，按下 F1 键执行上述命令语言：首先判断原料油出料阀的当前状态，如果是开启的则将其关闭，否则将其打开，从而实现按钮开启和关闭的切换功能。

双击“实时趋势曲线”对象，弹出“实时趋势曲线”对话框，如图 6－26 所示。

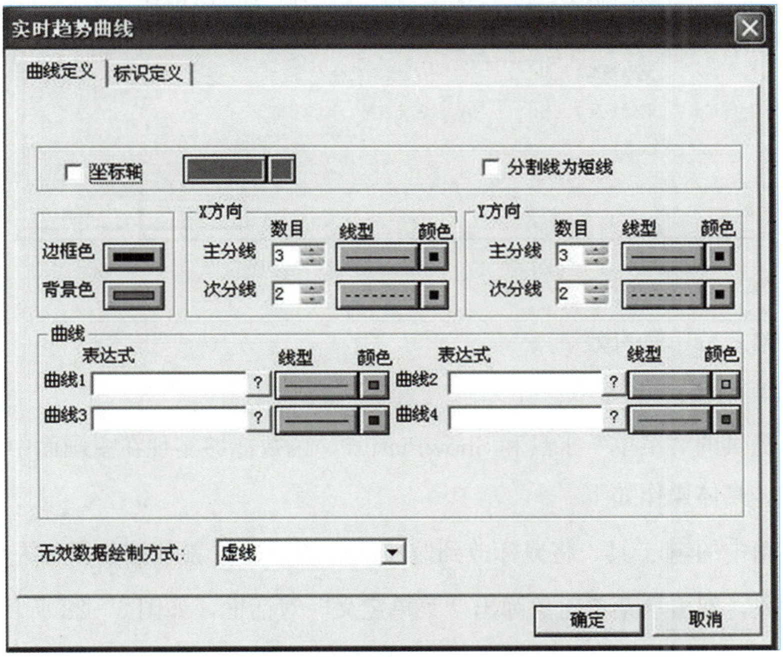

图 6－26　“实时趋势曲线”对话框

“实时趋势曲线”对话框分为两个选项卡：曲线定义、标识定义。“曲线定义”选项卡：在此选项卡中，用户不仅可以设置曲线窗口的显示风格，还可以设置趋势曲线中所要显示的变量。单击“曲线 1”编辑框后的 ? 按钮，在弹出的“选择变量名”对话框中选择变量“\\本站点\原料油液位”，曲线颜色设置为：红色。

“标识定义”选项卡（见图 6－27）：在此选项卡中，用户可以设置数值轴和时间轴的显示风格。设置如下：

标识 X 轴——时间轴：有效；

标识 Y 轴——数据轴：有效；

起始值：0；

最大值：100；

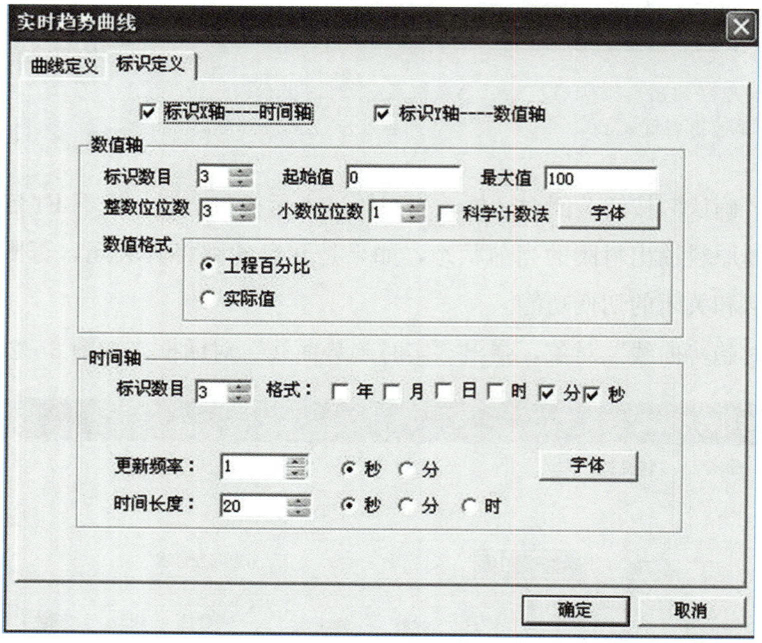

图 6 - 27 “标识定义”选项卡

时间轴：格式分、秒有效。

2. 实现画面切换功能

利用系统提供的“菜单”工具和 ShowPicture()函数能够实现在主画面中切换到其他任一画面的功能。具体操作如下：

选择工具箱中的工具，将鼠标放到监控画面的任一位置并按住鼠标左键画一个按钮大小的菜单对象，双击该菜单对象弹出“菜单定义”对话框，如图 6 - 28 所示。

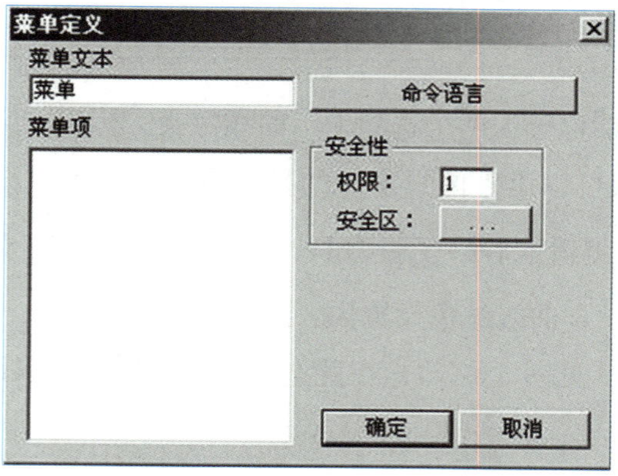

图 6 - 28 “菜单定义”对话框

3. 趋势曲线

趋势曲线用来反映变量随时间的变化情况。趋势曲线有两种：实时趋势曲线和历史趋势曲线。实时趋势曲线的定义过程如下：

（1）新建一画面，名称为实时趋势曲线画面。

（2）选择工具箱中的工具，在画面上输入文字：实时趋势曲线。

（3）选择工具箱中的工具，在画面上绘制一实时趋势曲线窗口，如图 6－29 所示。

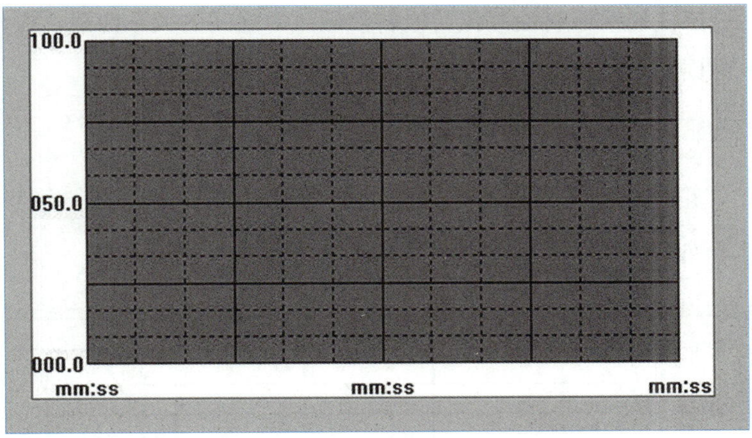

图 6－29　实时趋势曲线窗口

更新频率：1 秒；时间长度：30 秒。

（4）设置完毕后，单击“确定”按钮关闭对话框。

（5）单击“文件”菜单中的“全部存”，保存设置。

（6）单击“文件”菜单中的“切换到 VIEW”，进入运行系统，在运行界面的“画面”菜单中选择“打开”，将“实时趋势曲线画面”打开后，可看到连接变量的实时趋势曲线，如图 6－30 所示。

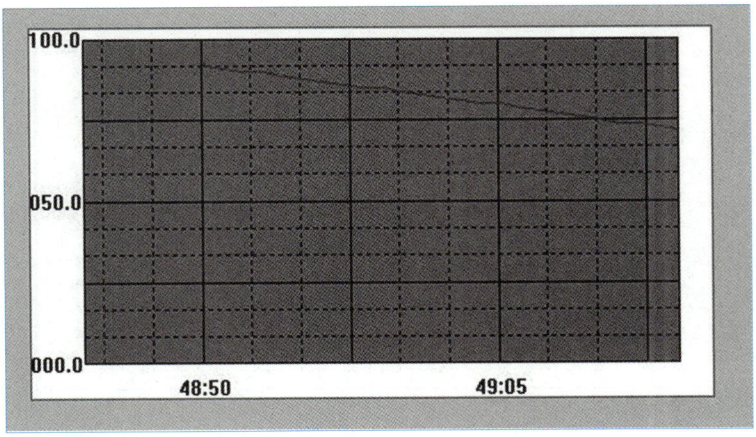

图 6－30　连接变量的实时趋势曲线

4. 控件的作用

控件可以作为一个相对独立的程序单位被其他应用程序重复调用。控件的接口是标准的，凡是满足这些接口条件的控件，包括第三方软件供应商开发的控件，都可以被组态王直接调用。组态王中提供的控件在外观上类似于组合图素，工程人员只需把它放在画面上，然后配置控件的属性进行相应的函数连接，控件就能完成其复杂的功能。

下面利用 XY 控件显示原料油液位与原料油罐压力之间的关系曲线，操作过程如下：

（1）新建一画面，名称为 XY 控件画面。

（2）选择工具箱中的工具，在画面上输入文字：XY 控件。

（3）单击工具箱中的工具，在弹出的创建控件窗口中双击“趋势曲线”类中的“X—Y 轴曲线”控件，在画面上绘制 XY 趋势曲线，如图 6 - 31 所示。

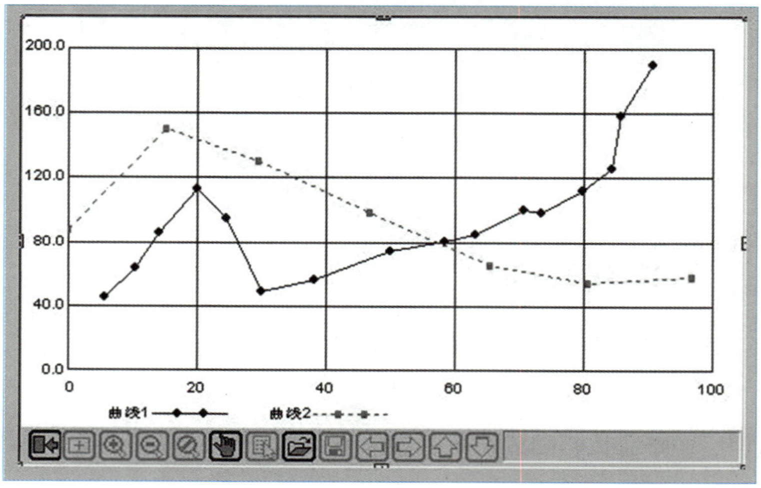

图 6 - 31　XY 趋势曲线

任务 6.9 技能训练七 机械手工程制作与调试

通过一个关于机械手的实例进一步了解组态王软件的基本应用。在工业现场中，经常会使用到机械手。本实例用组态王软件制作一个关于机械手的工程。在这个工程中，先不加入任何硬件，如 PLC 等硬件设备，仅仅通过组态王软件制作一个动画效果，使大家对组态王软件有一个基本的认识。

在机械手的工作过程中，一般包括机械手的下降、夹紧、上升、右移（视实际情况而定）、下降、放松、上升、左移等基本动作，以完成机械手对工件位置的改变。

1. 工程的建立

建立组态王机械手控制系统工程的过程如下：

选择“开始”→“程序”→“组态王 6.5”→“组态王”，打开“组态王工程管理器”窗口。在“组态王工程管理器”窗口中单击“新建”按钮（或者选择“文件”菜单中的“新建工程”），弹出“新建工程向导之一——欢迎使用本向导”对话框。单击“下一步”按钮，在“新建工程向导之二——选择工程所在路径”对话框中的文本框中输入工程目录“d:\”，单击“下一步”按钮，在出现的“新建工程向导之三——工程名称和描述”对话框中输入“工程名称”为“机械手控制系统”。最后单击“完成”按钮，并在弹出的“是否将新建的工程设为组态王当前工程”对话框中单击“是”按钮，完成机械手控制系统工程的建立，如图 6-32 所示。此时，组态王在 d:根目录下建立一个“机械手控制系统”子目录，而且以后进行的组态工作的所有数据都将存储在这个目录中。

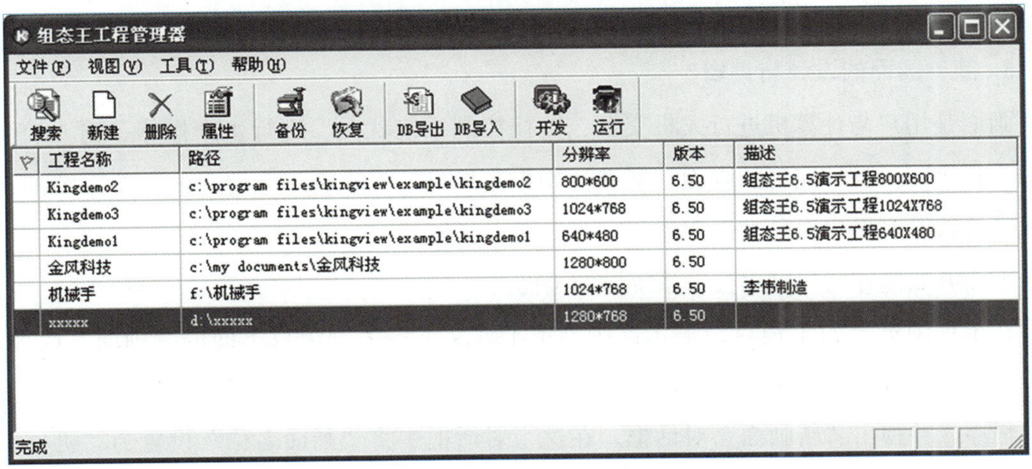

图 6-32 完成机械手控制系统工程的建立

2. 建立变量

建立变量是用户在使用组态王软件时十分重要的环节，其中包括使用多少个变量、每个变量的类型是什么、变量的范围是多少等详细内容，同时也是大家学习的重中之重。那么就请大家思考一下，在机械手控制系统工程中，需要采用多少个变量来实现动画呢?

首先，建立一个“运行标志”的离散型变量，同时对于机械手和工件，为了描述它们的位置，我们还应该建立“机械手 x”“机械手 y”“工件 x”“工件 y”四个整型变量，最后一个变量是“次数”，也是一个整型变量。

建立变量的方法如图 6 - 33 所示。

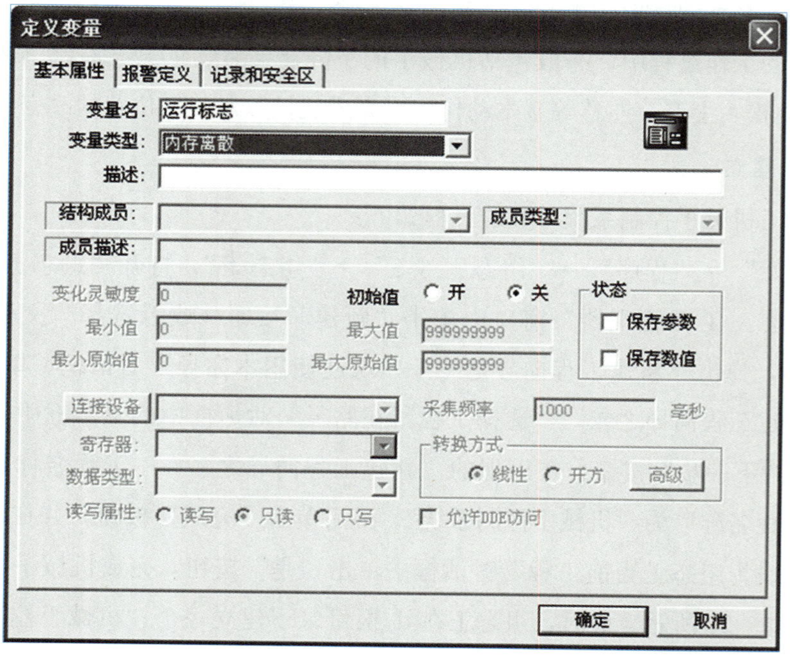

图 6 - 33　建立变量的方法

3. 简单画面的设计与编辑

画面是用户与计算机进行人机交互、监控控制系统状况、进行生产操作、输入控制命令的人机界面。设计完善的画面，能够让操作员形象、直观、正确地掌握整个系统的设备状况，能够及时发出自己的操作命令。

下面开始制作“机械手控制系统”的画面。

在工程浏览器的工程目录显示区中，单击“文件”大纲项目下面的“画面”成员名，然后在目录内容显示区中双击“新建”图标，则工程浏览器会启动组态王的“画面开发系统”程序，并弹出“新画面”对话框。在这个对话框中将“画面名称”设置为“机械手控制系统”，“画面宽度”设置为“1024”，“画面高度”设置为“768”，如图 6 - 34 所示。单击“确定”按钮，进入画面开发系统。

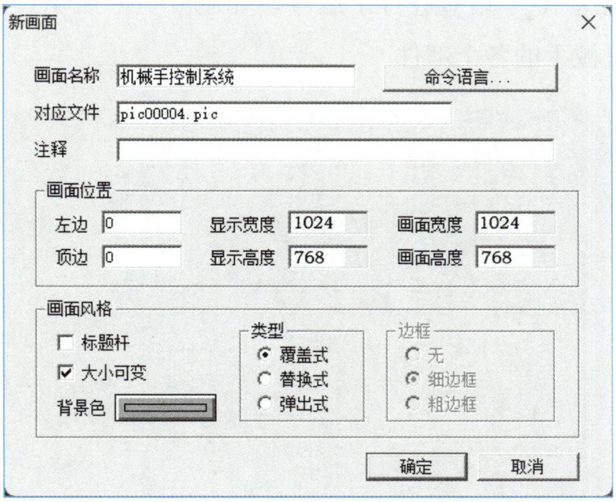

图 6－34　“新画面”对话框

在画面开发系统中，使用 10 个圆角矩形和一个文本工具，构成了如图 6－35 所示的机械手控制系统监控画面。

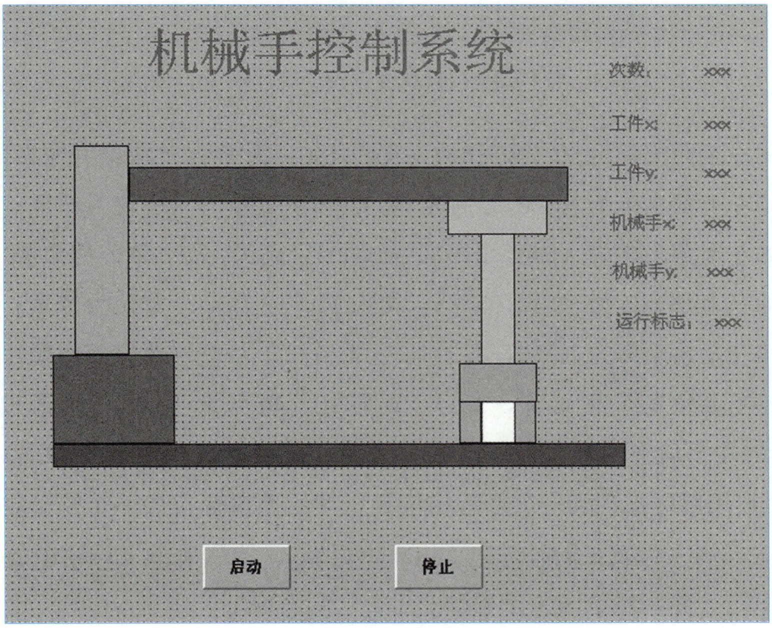

图 6－35　机械手控制系统监控画面

绘制圆角矩形的方法是：在工具箱中单击“圆角矩形”按钮，然后在画面上拉出合适大小的矩形即可。

输入文字的方法是：在工具箱中单击“文本”按钮，然后在画面上拉出一个矩形区域，再输入文字即可。如果需要修改文字的字体和大小，则在选中文本之后，再单击工具箱中的“字体”按钮，然后在弹出的“字体”对话框中设置相应的字体即可。

为了便于叙述，把这 10 个矩形进行了编号，如图 6－36 所示。其中 10 号矩形代表工件，其他各矩形代表机械手的各个部件。

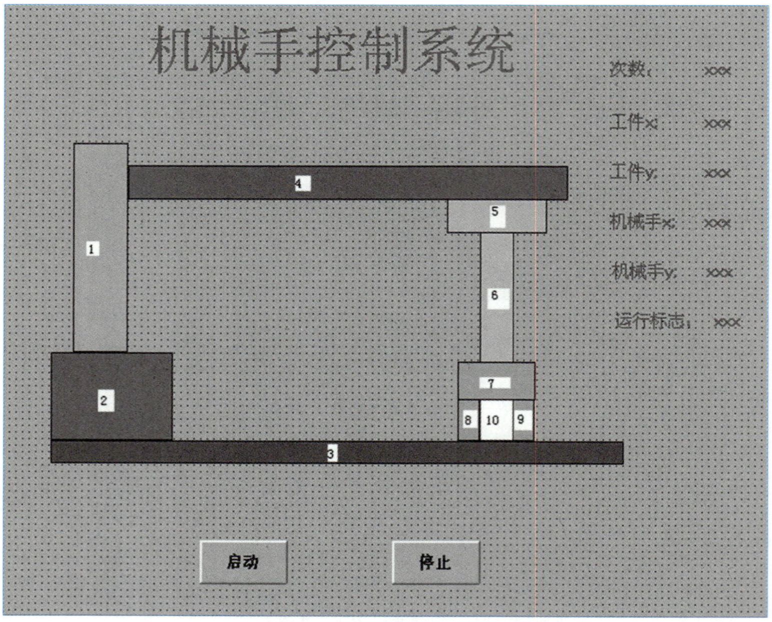

图 6－36　把这 10 个矩形进行编号

4 号矩形的左上角坐标为（210，160），宽为 400，高为 31（单位为像素）。

5 号矩形的左上角坐标为（500，190），宽为 91，高为 31（单位为像素）。

6 号矩形的左上角坐标为（530，220），宽为 31，高为 120（单位为像素）。

7 号矩形的左上角坐标为（510，338），宽为 71，高为 35（单位为像素）。

8 号矩形的左上角坐标为（510，372），宽为 20，高为 38（单位为像素）。

9 号矩形的左上角坐标为（560，372），宽为 20，高为 38（单位为像素）。

10 号矩形的左上角坐标为（530，371），宽为 31，高为 39（单位为像素）。

将 10 号矩形用鼠标拖动到一个较远的位置，然后用鼠标拉出一个矩形框，将 7、8、9 号三个矩形包含在内（也就是同时选中了这三个矩形），然后单击工具箱中的“合成组合元素”按钮，将这三个矩形组合成一个整体。

1、2、3 号矩形可以在相应的位置随意画出，大小视情况而定。

同时，在画面当中绘制两个按钮，一个作为“启动”按钮，一个作为“停止”按钮。这两个按钮的位置、大小随意。绘制好按钮之后，在按钮上单击鼠标右键，在弹出的快捷菜单中选择“字符串替换”以改变这两个按钮的名称，一个叫“启动”，另一个叫“停止”。

4. 动画连接

前面仅仅是将画面上的一些图形对象（组态王中称为图素）绘制出来。但是，要让这些图素能够反映出机械手的动作，必须要让这些图素能够根据变量的变化而产生一定的动作，如位置移动、数据显示等。

现在开始对画面中需要进行动画连接的图素进行动画连接。

（1）双击 4 号矩形，弹出“动画连接”对话框，单击“缩放”按钮，弹出“缩放连接”对话框，将“表达式”设置为“\\ 本站点 \ 机械手 X”，变化方向设置为“从右向左缩放”，最小时对应值设置为 0，占据百分比设置为 50，最大时对应值设置为 100，占据百分比设置为 100，然后再单击“确定”按钮，回到“动画连接”对话框，再单击“确定”按钮，完成对 4 号矩形的动画连接。

（2）双击 5 号矩形，弹出“动画连接”对话框，再单击其中的“水平移动”按钮，弹出“水平移动连接”对话框，将其中的表达式设置为“\\ 本站点 \ 机械手 X”，向左移动距离设置为 200，最左边对应值设置为 0，向右移动距离设置为 0，最右边对应值设置为 100，单击“确定”按钮，回到“动画连接”对话框，再单击“确定”按钮，完成对 5 号矩形的动画连接。

（3）双击 6 号矩形，弹出“动画连接”对话框，单击其中的“缩放”按钮，弹出“缩放连接”对话框，将“表达式”设置为“\\ 本站点 \ 机械手 Y”，最小时对应值设置为 0，占据百分比设置为 38，最大时对应值设置为 100，占据百分比设置为 100，变化方向为底部从下向上缩放。单击“确定”按钮，完成缩放连接，返回“动画连接”对话框，再单击“水平移动”按钮，弹出“水平移动连接”对话框。将“表达式”设置为“\\ 本站点 \ 机械手 X”，向左移动距离设置为 200，最左边对应值设置为 0，向右移动距离设置为 0，最右边对应值设置为 100，然后单击“确定”按钮，返回“动画连接”对话框，再单击“确定”按钮，完成对 6 号矩形的动画连接。

（4）双击由 7、8、9 号三个矩形组成的复合图素，弹出“动画连接”对话框，再单击其中的“水平移动”按钮，弹出“水平移动连接”对话框，将其中的“表达式”设置为“\\ 本站点 \ 机械手 X”，向左移动距离设置为 200，最左边对应值设置为 0，向右移动距离设置为 0，最右边对应值设置为 100，然后单击“确定”按钮，完成水平移动连接，回到“动画连接”对话框。

在“动画连接”对话框中单击“垂直移动”按钮，弹出“垂直移动连接”对话框，将其中的“表达式”设置为“\\ 本站点 \ 机械手 Y”，向上移动距离设置为 80，最上边对应值设置为 0，向下移动距离设置为 0，最下边对应值设置为 100，然后单击“确定”按钮，回到“动画连接”对话框，再单击“确定”按钮，完成对复合图素的动画连接。

（5）双击 10 号矩形（工件），弹出“动画连接”对话框，单击其中的“水平移动”按钮，弹出“水平移动连接”对话框，将此对话框中的“表达式”设置为“\\本站点\工件X”，向左移动距离设置为 200，最左边对应值设置为 0，向右移动距离设置为 0，最右边对应值设置为 100，然后单击“确定”按钮，完成水平移动连接，返回“动画连接”对话框。

在“动画连接”对话框中单击“垂直移动”按钮，弹出“垂直移动连接”对话框，将其中的“表达式”设置为“\\本站点\工件Y”，向上移动距离设置为 80，最上边对应值设置为 0，向下移动距离设置为 0，最下边对应值设置为 100，然后单击“确定”按钮，完成垂直移动连接，返回“动画连接”对话框，再单击“确定”按钮，完成对 10 号矩形的动画连接。

（6）对两个已经绘制好的按钮做动画连接。双击“启动”按钮，在动画连接菜单中选择“命令语言链接”→“按下时”，在弹出的“命令语言”对话框中写一句命令语言，如图 6-37 所示。

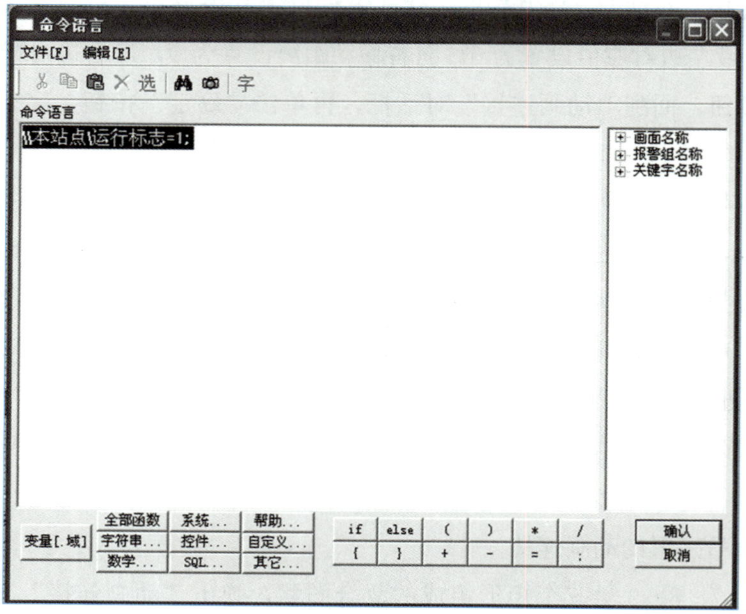

图 6-37　在“命令语言”对话框中写一句命令语言

再用同样的方法对“停止”按钮做动画连接，但是要在“命令语言”对话框中写出“\\本站点\运行标志=0;”命令语言。

至此，画面制作及动画连接已经全部完成，下面开始编写命令语言控制各个变量的变化，使画面能够正确反映机械手的移动情况。

5. 命令语言及简单控制程序的编写

命令语言是一种类似于 C 语言的程序。软件设计人员可以利用命令语言编写程序来增强应用程序的灵活性。组态王的命令语言可以分为应用程序命令语言、热键命令语言、事件命令语言、数据改变命令语言、自定义函数命令语言和画面命令语言。

命令语言的句法与C语言很相似，具有完善的语法错误检查功能、丰富的运算符以及各种函数（如数学函数、系统函数、字符串函数、空间函数等）。

命令语言通过“命令语言编辑器”输入，然后在组态王运行系统中被编译执行。

下面开始编写机械手控制系统的命令语言。

单击工程目录显示区的“应用程序命令语言”，然后双击目录内容显示区的“请双击这儿进入＜应用程序命令语言＞对话框”按钮，弹出“应用程序命令语言”对话框。在“启动时”页面中输入以下程序：

```
机械手 X=0;
机械手 Y=0;
工件 X=0;
工件 Y=100;
```

然后在“运行时”页面中输入以下程序：

```
if(运行标志==1)
{
    if(次数> =0 && 次数<50)         /* 下降*/
    {
    机械手 Y=机械手 Y+2;
    次数=次数+1;
    }
    if(次数>=50 && 次数<70)        /* 夹紧*/
    {
    次数=次数+1;
    }
    if(次数>=70 && 次数<120)       /* 开始上升*/
    {
    机械手 Y=机械手 Y-2;
    工件 Y=工件 Y-2;
    次数=次数+1;
    }
    if(次数>=120 && 次数<220)      /* 开始右移*/
    {
    机械手 X=机械手 X+1;
    工件 X=工件 X+1;
    次数=次数+1;
    }
    if(次数>=220 && 次数<270)      /* 开始下降*/
    {
    机械手 Y=机械手 Y+2;
```

```
    工件 Y=工件 Y+2;
    次数=次数+1;
    }
    if(次数>=270 && 次数<290)        /* 开始放松*/
    {
    次数=次数+1;
    }
    if(次数>=290 && 次数<340)        /* 开始上升*/
    {
    机械手 Y=机械手 Y- 2;
    次数=次数+1;
    }
    if(次数>=340 && 次数<440)        /* 开始左移*/
    {
    机械手 X=机械手 X- 1;
    次数=次数+1;
    }
    if(次数==440)                    /* 复位*/
    {
    次数=0;
    工件 X=0;
    工件 Y=100;
    }
}
```

并且，把“运行时”命令语言程序的执行周期设置为 100ms。

至此，机械手控制系统的控制程序编写完毕，可以开始进行程序的运行和调试了。

在编写命令语言时，一定要注意输入法的状态，变量名称尽量在“变量域”中寻找，而所有的符号应该尽量在命令语言窗口菜单的下方寻找使用，如果在命令语言窗口菜单的下方没有找到，也应该把输入法切换到“半角”输入状态下进行输入，否则，软件会提示输入有误。

单元 6　习题

单元 7

变频器、PLC、组态应用篇

前 6 个单元中讲述了变频器工作原理、工作方式、使用、安装、维护与调试，PLC 的基本知识、基本指令和编程方法，MCGS 嵌入式组态环境软件的使用方法，本单元将以几个由简单到复杂的实用案例来讲解变频器、PLC 及 MCGS 嵌入式组态环境软件的应用，使同学们从应知到应会，从理论到实际，提高变频器、PLC 及组态控制技术的应用能力以及解决问题的能力。

学习目标

1. 能完成变频器控制电动机双向运行系统的设计与调试；
2. 能对基于变频器控制物料分拣监控系统进行设计与调试；
3. 能对基于变频器控制电动机多段速运行监控系统进行设计与调试；
4. 了解变频单容水箱液位控制系统的应用；
5. 了解变频调速在恒压供水系统中的应用。

任务 7.1 变频器控制电动机双向运行系统的设计与调试

1. 变频器、PLC、MCGS 嵌入式组态环境软件在电动机双向运行中的应用背景

在实际生产中，电动机正反双向控制的情况很多，如传送带的前进与后退、机床加工过程中的进刀与退刀等工序。

2. 本次技能训练的控制要求

（1）按下正转起动按钮，电动机正转。

（2）按下停止按钮后，电动机才能实现正转切换到反转。

（3）电动机的最高运行频率为 50Hz，最低运行频率为 0Hz。

（4）电动机运行的上升时间为 10s，下降时间为 15s。

（5）电动机双向运行系统的监控画面如图 7－1 所示，可以通过上位机实现对电动机正转、停止、反转的控制。

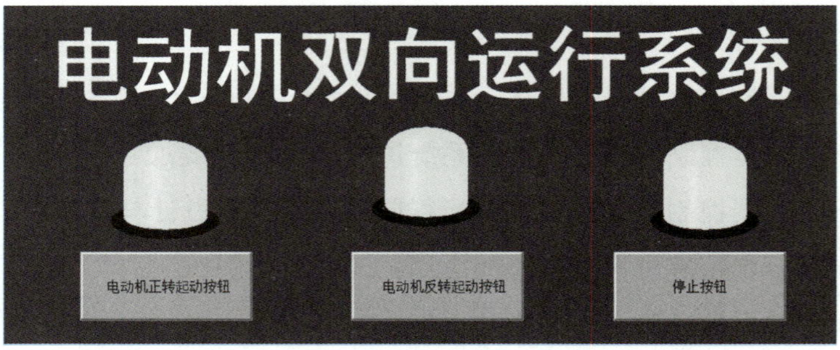

图 7－1 电动机双向运行系统的监控画面

3. 训练设备

技能训练设备如表 7－1 所示。

表 7－1 技能训练设备

序号	名称	型号与规格	数量
1	PLC 实训装置	S7-1200 CPU1212C DC/DC/DC	1
2	PC/PPI 通信电缆		1
3	变频器实训挂箱	FR-720-0.4kW	1
4	三相异步电动机	WDJ26	1

4. 训练任务单

电动机双向运行系统训练任务单如表 7-2 所示。

表 7-2 电动机双向运行系统训练任务单

<table>
<tr><th>电动机双向运行系统训练任务</th><th>任务评价</th></tr>
<tr><td>(1) 填写本次任务主要用的设备及具体型号（注：变频器采用西门子 MM440）
<table><tr><th>设备名称</th><th>设备型号</th></tr><tr><td></td><td></td></tr></table>
</td><td>(1) 是否写出 PLC 型号；
(2) 变频器是否采用 MM440</td></tr>
<tr><td>(2) 请写出本次任务变频器的参数设置</td><td>是否正确设置变频器参数</td></tr>
<tr><td>(3) 画出本次任务的外部接线图</td><td>(1) 变频器和 PLC 接线是否正确；
(2) 输入信号接线是否正确；
(3) 输出信号接线是否正确；
(4) 公共端接线是否正确</td></tr>
<tr><td>(4) 请写出本次任务中 PLC 的 I/O 地址分配表
<table><tr><th>输入</th><th>地址</th><th>输出</th><th>地址</th></tr><tr><td></td><td></td><td></td><td></td></tr></table>
</td><td>(1) I/O 地址分配表是否正确；
(2) 是否多分和少分输入输出点</td></tr>
<tr><td>(5) 组态工程</td><td>(1) PLC 与组态通信参数是否设置正确；
(2) PLC 与组态通信地址是否设置正确；
(3) 变量是否设置正确；
(4) HMI 是否正确制作</td></tr>
</table>

任务 7.2　基于变频器控制物料分拣系统的设计与调试

1. 自动分拣系统的应用背景

自动化程度是工作发展的标志，自动分拣是自动化中的一个必不可少的部分，尤其在需要进行物料分拣的企业，以往一直采用人工分拣的方法，由于人工的限制性，导致有的生产效率很低，误差多，生产成本高，企业的竞争能力差，阻碍了企业的正常发展。所以分拣装置 PLC 控制系统必然会取代人工的分拣工作，这也正是其能够迅猛发展的根本原因。随着工业的发展，自动化水平越来越高，自动分拣装置完全取代人工作业是必须的也是必然的。

现在大部分的企业都有自己的生产流水线，而自动分拣装置是流水线上必不可少的部分，有的流水线甚至要用到多个分拣装置，说明它有很大的市场空间。PLC 控制是目前工业上最常用的自动化控制方法，由于其控制方便，能够承受恶劣的环境，物料分拣采用 PLC 进行控制，能连续、大批量地分拣货物，分拣误差率低且工作强度大大降低，可显著提高劳动生产率。其设计采用标准化、模块化的组装，具有系统布局灵活，维护、检修方便等特点，受场地因素影响不大。

物料分拣装置的 PLC 控制系统利用了 PLC 技术、位置控制技术、气动技术、传感技术、电动技术、传动技术等，这些技术都是自动化技术中必要的，可以说是现代工作生产现场生产设备的一个微小的模型。

2. 本次技能训练所用设备介绍

本任务所用的物料分拣系统由光电传感器、电感传感器、电容传感器、磁性传感器、二位五通带手控开关的单控电磁阀、推料气缸、减压阀、三相交流减速电动机、皮带、安装支架、端子排等组成，如图 7－2 所示。该系统采用 PLC 控制技术实现物料的输送、分拣功能，模拟工业自动生产线中的供料、检测、输送、分拣过程。

（1）光电传感器：用于检测皮带上是否有物料。当检测到皮带入料区有物料时给控制系统提供输入信号。物料的检测距离可由光电传感器的旋钮调节，调节检测范围大于或等于 5cm。为了防止外界干扰，将检测距离调节到最小。

（2）电感传感器：用于检测金属物料，检测距离为 4mm±20％，安装时应注意传感器离物料的距离。当有金属物料输送到传感器下方时给控制系统提供信号，作为推料气缸一的起动信号。

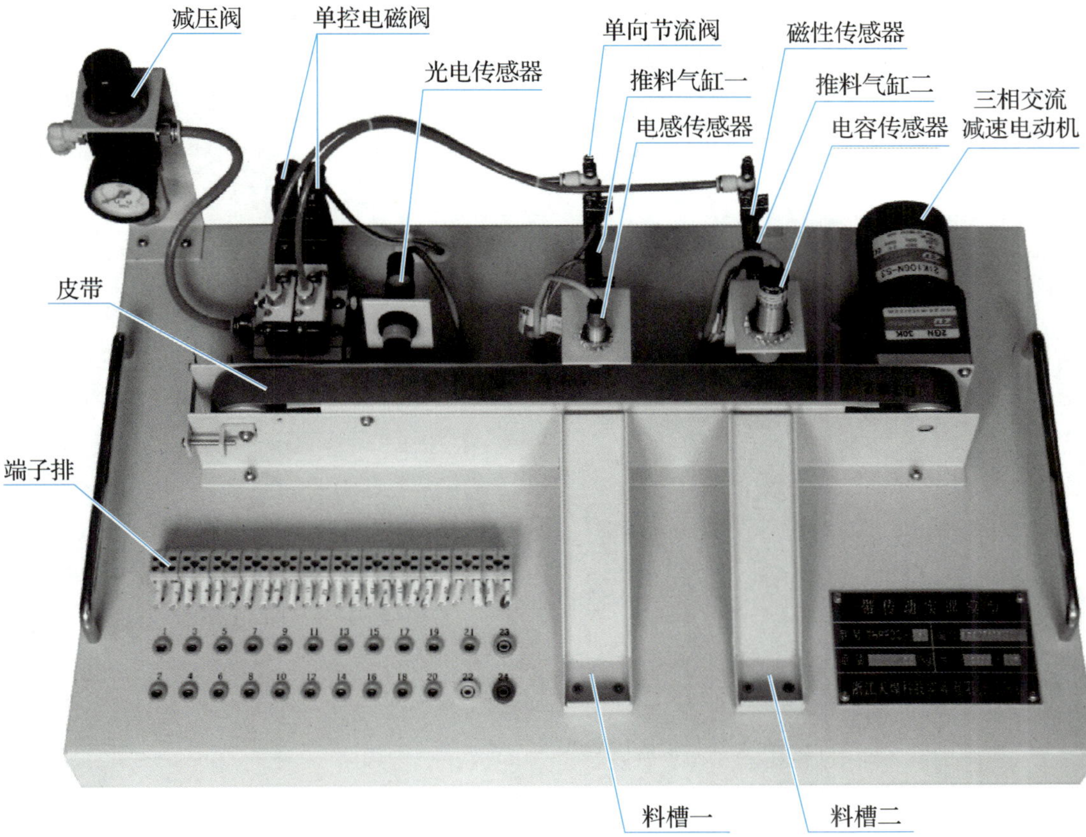

图7-2 物料分拣系统的组成

（3）电容传感器：用于检测物料，当有物料输送到传感器下方时给控制系统提供信号，作为推料气缸二的起动信号。物料的检测距离可由电容传感器的旋钮调节。

（4）磁性传感器：用于气缸的位置检测，当检测到气缸准确到位后给 PLC 发出一个到位信号。

（5）单控电磁阀：推料气缸一、推料气缸二均用二位五通带手控开关的单控电磁阀控制，两个单控电磁阀集中安装在带有消声器的汇流板上。当 PLC 给电磁阀一个信号时，电磁阀动作，对应气缸动作。

（6）推料气缸一：由单控电磁阀控制。当气动电磁阀得电时，气缸伸出，将物料推入料槽一中。

（7）推料气缸二：由单控电磁阀控制。当气动电磁阀得电时，气缸伸出，将物料推入料槽二中。

（8）单向节流阀：用于控制气缸的运动速度。调节单向节流阀旋钮，使气缸运动速度适中。

（9）减压阀：将较高的入口压缩空气的压力进行调节并降低到符合使用要求的出口压

力，并保证调节后出口压力的稳定。该减压阀还包括压力表、油雾分离器。需调节气压时先将旋钮拔出，调整气压后再按下，其原理图如图 7－3 所示。

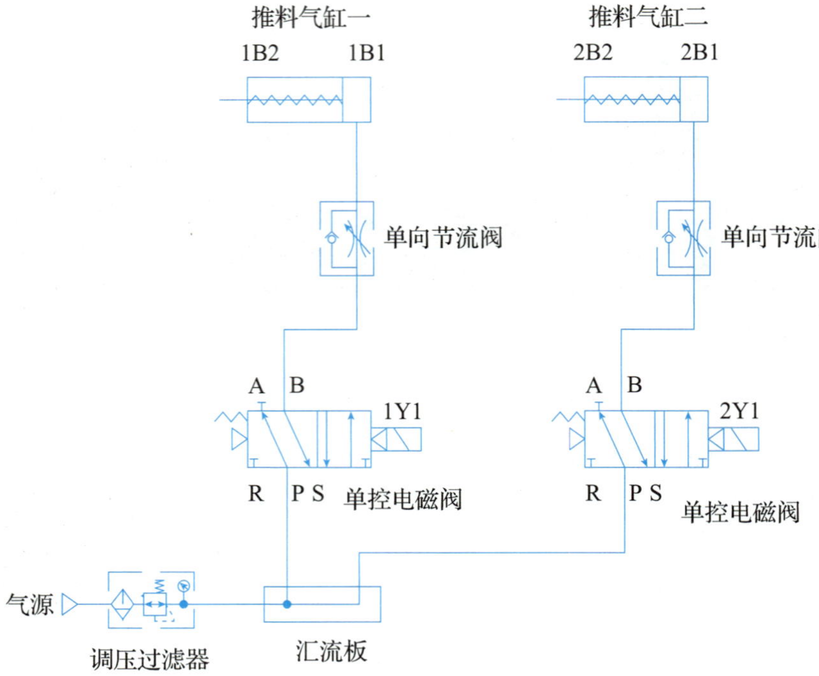

图 7－3　物料分拣系统气动原理图

（10）三相交流减速电动机：用于带动带转动。额定电压为 380V，减速比为 1∶30。

（11）端子排：各传感器、电磁阀、电动机的电气引线全部接到端子排上，端子排的另一端与护套座相连。其端子排分布如图 7－4 所示，其说明如表 7－3 所示。

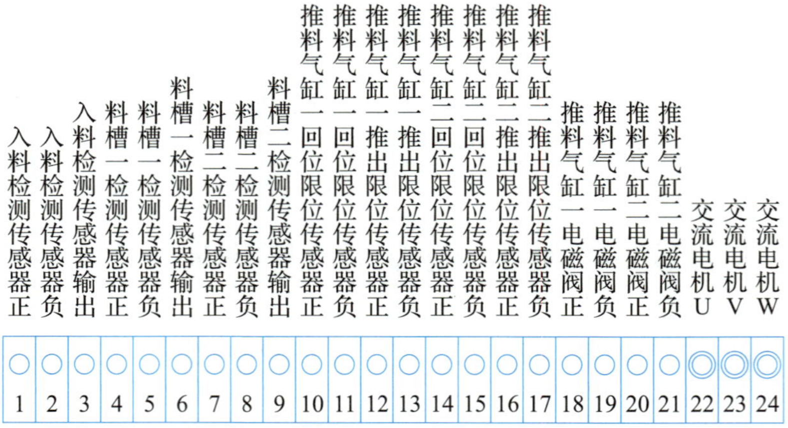

图 7－4　物料分拣系统端子排分布

表 7-3　物料分拣系统端子排说明表

端子号	端子说明	端子号	端子说明
1	入料检测传感器正	13	推料气缸一推出限位传感器负
2	入料检测传感器负	14	推料气缸二回位限位传感器正
3	入料检测传感器输出	15	推料气缸二回位限位传感器负
4	料槽一检测传感器正	16	推料气缸二推出限位传感器正
5	料槽一检测传感器负	17	推料气缸二推出限位传感器负
6	料槽一检测传感器输出	18	推料气缸一电磁阀正
7	料槽二检测传感器正	19	推料气缸一电磁阀负
8	料槽二检测传感器负	20	推料气缸二电磁阀正
9	料槽二检测传感器输出	21	推料气缸二电磁阀负
10	推料气缸一回位限位传感器正	22	交流电动机 U
11	推料气缸一回位限位传感器负	23	交流电动机 V
12	推料气缸一推出限位传感器正	24	交流电动机 W

3. 物料分拣系统的控制要求

（1）系统起动，将物料放到光电传感器前的皮带上，光电传感器检测到有物料进入，即给控制系统发出信号，控制系统给变频器发出起动信号。

（2）变频器驱动三相交流电动机带动带转动，当物料为金属时，电感传感器检测到信号，变频器停止，推料气缸一动作，将物料推入料槽一；当物料为非金属时，电容传感器检测到信号，变频器停止，推料气缸二动作，将物料推入料槽二。

（3）电动机的最高运行频率为 15Hz，最低运行频率为 5Hz。

（4）电动机运行的上升时间为 10s，下降时间为 0s。

（5）组态控制要求：

1）物料分拣系统的监控画面，可以实现物料分拣系统的手动过程控制；

2）可以实现物料分拣系统的自动过程控制。物料自动分拣系统如图 7-5 所示。

4. 物料分拣系统的制作过程

（1）首先分析控制要求，确定输入、输出点数和地址，并进行正确接线。

（2）根据控制要求对变频器参数进行正确设置，如变频器选取的是三菱 D720，其参数设置如表 7-4 所示。

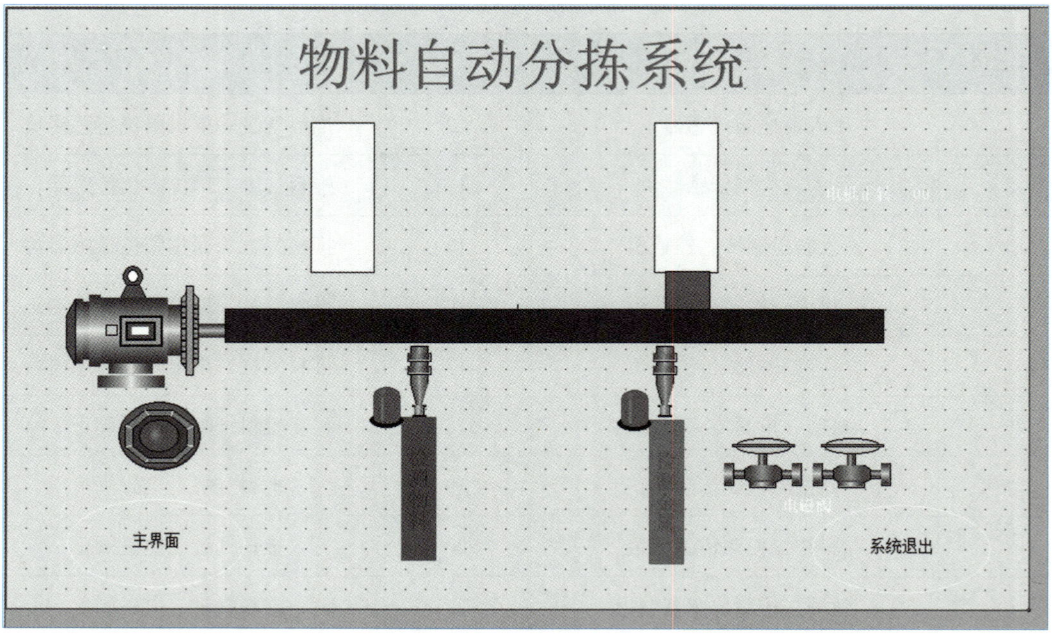

图 7-5　物料自动分拣系统画面

表 7-4　三菱 D720 变频器参数设置表

序号	参数代号	初始值	设置值	功能说明
1	P1	120	50	上限频率（50Hz）
2	P2	0	0	下限频率（0Hz）
3	P3	50	50	基准频率（Hz）
4	P7	5	1	加速时间（s）
5	P8	5	0.5	减速时间（s）
6	P79	0	3	运行模式选择

思考：①西门子变频器参数如何设置？

②P79 可以设置成 2 吗？如果设置成 2，I/O 地址分配有变化吗？

（3）根据控制要求进行 PLC 程序的编写，并把程序写在表 7-5 中。

（4）进行物料分拣系统硬件调试，正确无误后，进行软件调试，并把变量表写在表 7-5 中。

5. 物料材料分拣系统任务单

物料分拣系统的制作过程和电动机双向运行系统相似，只是在上一个技能训练的基础上，难度略微提高一点，其具体制作过程如表 7-5 所示。

表 7-5　物料自动分拣系统任务单

<table>
<tr><th>物料自动分拣系统任务</th><th>任务评价</th></tr>
<tr><td>(1) 填写本次任务主要用的设备及具体型号
<table><tr><th>设备名称</th><th>设备型号</th></tr><tr><td></td><td></td></tr></table></td><td>(1) 是否写出 PLC 型号；
(2) 变频器的设备型号；
(3) 是否写出光电传感器型号；
(4) 是否写出电容、电感传感器型号</td></tr>
<tr><td>(2) 请写出本次任务变频器的参数设置</td><td>是否正确设置变频器参数（根据前面讲解的变频器参数表进行设置）</td></tr>
<tr><td>(3) 本次任务的外部接线图</td><td>(1) 传感器接线是否正确；
(2) 电磁阀接线是否正确；
(3) 限位开关接线是否正确</td></tr>
<tr><td>(4) 请写出本次任务中 PLC 的 I/O 地址分配表
<table><tr><th>输入</th><th>地址</th><th>输出</th><th>地址</th></tr><tr><td></td><td></td><td></td><td></td></tr></table></td><td>(1) I/O 地址分配表是否正确；
(2) 是否多分和少分输入输出点</td></tr>
<tr><td>(5) 组态工程制作</td><td>(1) PLC 与组态通信参数是否设置正确；
(2) PLC 与组态通信地址是否设置正确；
(3) 变量是否设置正确；
(4) HMI 是否正确制作</td></tr>
</table>

任务 7.3　基于变频器控制电动机多段速系统的设计与调试

1. 电动机多段速控制系统介绍和应用背景

在现代工业社会中，许多机械由于工艺需要，要求对电动机进行调速。随着变频调速技术的发展和日趋成熟，交流电动机的应用越来越广泛，采用变频调速能够更好地提高生产机械的控制精度、生产效率和产品质量，有利于实现生产过程的自动化，使交流拖动系统具有优良的控制性能，而且在许多生产场合具有显著的节能效果，交流调速正逐步取代直流调速。但交流调速往往需要进行矢量控制和直接转矩控制，来满足各种工艺要求。

近年来，随着电力晶体管和计算机控制技术的发展，变频器被广泛应用于三相交流异步电动机的调速、节能改造、工艺生产改善等。

现代工业生产中，在不同场合下要求生产机械采用不同的速度进行工作，以保证生产机械的合理运行，并提高产品的质量。改变生产机械的速度就是调速。例如，金属切削机械在进行精加工时，为减小工件的表面粗糙度而需要提高切削速度，对风机和泵类负载，用调节转速来调节流量的方法，比通过阀门来调节的方法更节能等，并且在空调、洗衣机、电冰箱等家电产品中也得到了广泛的应用。

2. 电动机多段速控制系统说明和控制要求

（1）电动机多段速控制系统说明。

电动机多段速控制系统可以完成三段速、七段速、十五段速控制。在本次技能训练中，我们以电动机十五段速为例进行讲解，技能训练进行电动机七段速的训练。

（2）电动机多段速控制系统控制要求。

1）按下正转起动按钮，电动机每过一段时间（时间设置为 8s）自动变换一种输出频率（选择 15 种不同的输出频率）。按下停止按钮，电动机停止运行。

2）按下停止按钮后，电动机才能实现正转切换到反转。

3）电动机的最高运行频率为 50Hz，最低运行频率为 5Hz。

4）电动机运行的上升时间为 5s，下降时间为 5s。

5）电动机多段速控制系统的主画面与监控画面如图 7-6 所示，可以实现手动控制和自动控制电动机转速。

①主画面可以完成的功能：

- 实现与监控画面的跳转；
- 实现登录、退出等权限的操作。

②监控画面可以完成的功能：

- 实现与主画面的跳转；
- 实现手动控制电动机十五段速运行；
- 实现自动控制电动机十五段速运行。

（a）电动机多段速控制系统主画面

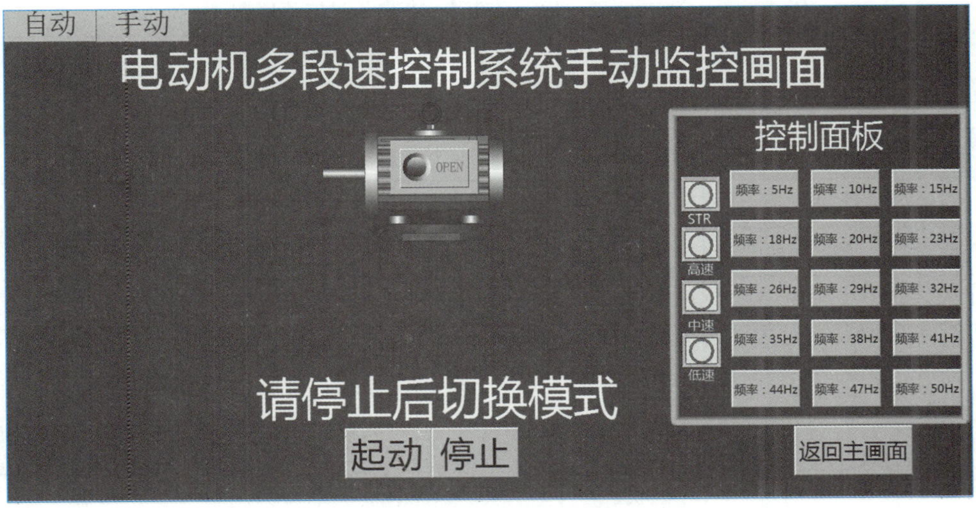

（b）电动机多段速控制系统监控画面

图 7－6　电动机多段速控制系统的主画面与监控画面

3. 本次技能训练硬件介绍

本电动机多段速控制系统用到的硬件有 PLC、三相异步交流电动机、变频器等，是在 PLC 实训装置设备上完成的，具体的硬件型号如表 7-6 所示。

表 7-6 电动机多段速控制系统硬件型号

序号	名称	型号与规格	数量
1	计算机		1
2	PLC 实训装置	THPFSM-2	1
3	PC/PPI 通信电缆		1
4	变频器实训挂箱	FR-720-0.4kW	1
5	三相异步交流电动机	WDJ26	1

4. 变频器参数设置表及外部接线图

（1）本次技能训练中变频器使用的是三菱 D720，具体参数设置如表 7-7 所示。注：设置参数前先将变频器参数复位为工厂的默认设定值（将 ALLC 设为 1）。

表 7-7 变频器多段速控制系统参数设置表

序号	变频器参数	出厂值	设定值	功能说明
1	P1	120	50	上限频率（50Hz）
2	P2	0	0	下限频率（0Hz）
3	P7	5	5	加速时间（5s）
4	P8	5	5	减速时间（5s）
5	P9	0	0.35	电子过电流保护（0.35A）
6	P160	9999	0	扩张功能显示选择
7	P79	0	3	运行模式选择
8	P179	61	8	多段速运行指令
9	P180	0	0	多段速运行指令
10	P181	1	1	多段速运行指令
11	P182	2	2	多段速运行指令
12	P4	50	5	固定频率 1
13	P5	30	10	固定频率 2
14	P6	10	15	固定频率 3
15	P24	9999	18	固定频率 4
16	P25	9999	20	固定频率 5

续表

序号	变频器参数	出厂值	设定值	功能说明
17	P26	9999	23	固定频率 6
18	P27	9999	26	固定频率 7
19	P232	9999	29	固定频率 8
20	P233	9999	32	固定频率 9
21	P234	9999	35	固定频率 10
22	P235	9999	38	固定频率 11
23	P236	9999	41	固定频率 12
24	P237	9999	44	固定频率 13
25	P238	9999	47	固定频率 14
26	P239	9999	50	固定频率 15

（2）外部端子二进制组合得到的频率为 15Hz。由图 7－7 可知，变频器控制电动机多段速运行十五段速，根据其外部端子 RH、RM、RL、STR，二进制可以组合出十五段速，其具体得到的频率如表 7－8 所示。

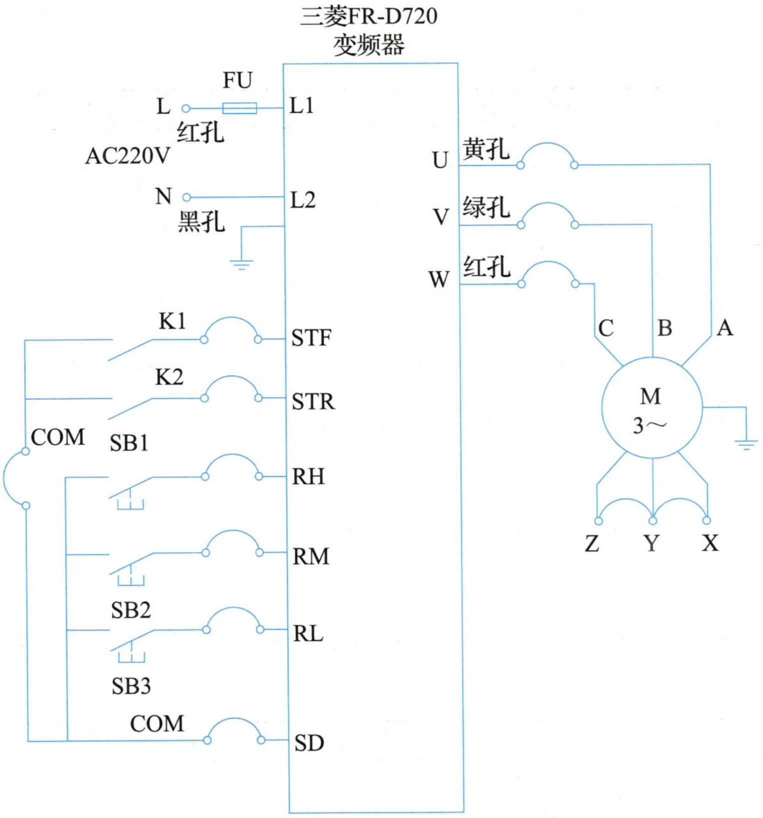

图 7－7　变频器控制电动机多段速运行接线图

表 7-8　变频器十五段速表

STR	RH	RM	RL	时间	频率（Hz）
1	0	0	0	0～10	29
0	1	0	0	10～20	5
0	0	1	0	20～30	10
0	0	0	1	30～40	15
1	1	0	0	40～50	41
1	0	1	0	50～60	35
1	0	0	1	60～70	32
0	1	1	0	70～80	23
0	1	0	1	80～90	20
0	0	1	1	90～100	18
1	1	1	0	100～110	47
1	1	0	1	110～120	44
1	0	1	1	120～130	38
0	1	1	1	130～140	26
1	1	1	1	140～150	50

（3）电动机多段速控制系统 I/O 地址分配表。由控制要求可以得到电动机多段速控制系统的 I/O 地址分配表，如表 7-9 所示。

表 7-9　电动机多段速控制系统 I/O 地址分配表

功能说明	输入	地址	输出	地址
起动按钮	SB1		STF	
停止按钮	SB2		STR	
			RH	
			RM	
			RL	

（4）自主完成电动机多段速控制系统硬件电路设计及接线。

5. 电动机多段速控制系统 PLC 程序梯形图

自行绘制电动机多段速控制系统 PLC 程序梯形图。

6. 组态工程制作

（1）根据控制要求进行变量建立。其具体变量如表 7-10 和表 7-11 所示。

表 7-10　变频器七段速变量表

变量名称	变量类型	连接设备	寄存器
请先登录 1	内存离散	无	无
电动机起动	I/O 离散	PLC	M0.7

续表

变量名称	变量类型	连接设备	寄存器
手动	I/O 离散	PLC	M0.4
自动	I/O 离散	PLC	M0.6
STR	I/O 离散	PLC	M0.0
高速	I/O 离散	PLC	M0.1
中速	I/O 离散	PLC	M0.2
低速	I/O 离散	PLC	M0.3
频率 1～7	内存整型	无	MB100（00000001） MB100（00000010） MB100（00000011） MB100（00000100） MB100（00000101） MB100（00000110） MB100（00000111）
时间	内存整型	无	无

表 7-11　变频器十五段速变量表

变量名称	变量类型	连接设备	寄存器
请先登录 1	内存离散	无	无
电动机起动	I/O 离散	PLC	M0.7
手动	I/O 离散	PLC	M0.4
自动	I/O 离散	PLC	M0.6
STR	I/O 离散	PLC	M0.0
高速	I/O 离散	PLC	M0.1
中速	I/O 离散	PLC	M0.2
低速	I/O 离散	PLC	M0.3
频率 1～15	内存整型	无	MB100（00000001） MB100（00000010） MB100（00000011） MB100（00000100） MB100（00000101） MB100（00000110） MB100（00000111） MB100（00001000） MB100（00001001） MB100（00001010） MB100（00001011） MB100（00001100） MB100（00001101） MB100（00001110）
时间	内存整型	无	无

（2）MCGS 嵌入式组态环境与 PLC 连接，前面已经讲过，这里不再赘述。

（3）主画面和监控画面的制作。

7. 电动机多段速控制系统整体调试

自主完成电动机多段速控制系统整体调试工作。

8. 电动机多段速控制系统任务单

本次技能训练在前两个任务的基础上，增加难度，同学们可以试着做一下七段速。

任务 7.4　变频单容水箱液位控制系统的应用

1. 单容水箱液位控制系统的介绍和应用背景

随着工业生产的发展，我国很早就实现了自动控制，其中液位控制在生产中占有很重要的地位，特别是在锅炉液位控制系统、水箱液位控制系统中，液位的稳定性直接影响到工业生产的安全性、生产效率的高低、能源运用的合理性。然而，当今工业控制的要求越来越高，一般的自动化控制已经不能满足工业生产控制的需求，所以引入了用 PLC 控制的方式更加集中、有效、及时的控制液位系统。

液位控制技术在现实生活、生产中发挥了重要作用。例如，民用水塔的供水问题，如果水位过低，则会影响到居民的生活用水；在工矿企业的排水与进水问题，如果排水与进水得不到良好的控制，则会影响到车间的生产状况；锅炉汽包液位的控制问题，如果锅炉内液位过低，则会使锅炉过热，可能发生事故；精馏塔的液位控制，控制精度与工艺的高低会影响产品的质量与成本等。

在这些生产领域里，基本上都是劳动强度大或者操作有一定危险性的工作，极容易出现操作失误，引起事故，造成厂家的损失。可见，在实际生产中，液位控制的准确程度和效果直接影响到工厂的生产成本、经济效益甚至设备的安全系数。所以，为了保证安全条件、方便操作，就必须研究开发先进的液位控制方法和策略。

2. 单容水箱液位控制系统框图和控制要求

（1）单容水箱液位控制系统框图如图 7－8 所示。

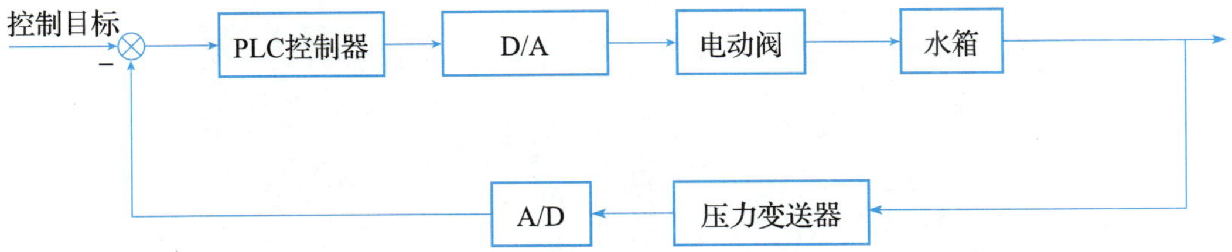

图 7－8　单容水箱液位控制系统框图

（2）单容水箱液位控制系统控制要求。

1）单容水箱液位控制系统硬件设计要求。

①水箱液位的控制目标为 150mm（给定值），允许的最大静差不超过给定值的 2%；

②单容水箱液位控制系统调节时间不超过 2min；

③单容水箱液位控制系统的超调量不超过 30%。

根据以上控制要求设置合适的 PI 值。

2）单容水箱液位控制系统组态工程制作要求。

单容水箱液位控制系统主画面和监控画面制作分别如图 7－9（a）和图 7－9（b）所示。主画面可以实现与监控画面的切换，和退出 MCGS 嵌入式组态环境的功能；监控画面可以实现自动开阀和手动开阀上水的功能，可以采集水箱的实时液位值，可以在组态工程中输入水箱液位控制值，可以输入比例和积分值，可以采集水箱液位控制的历史曲线。

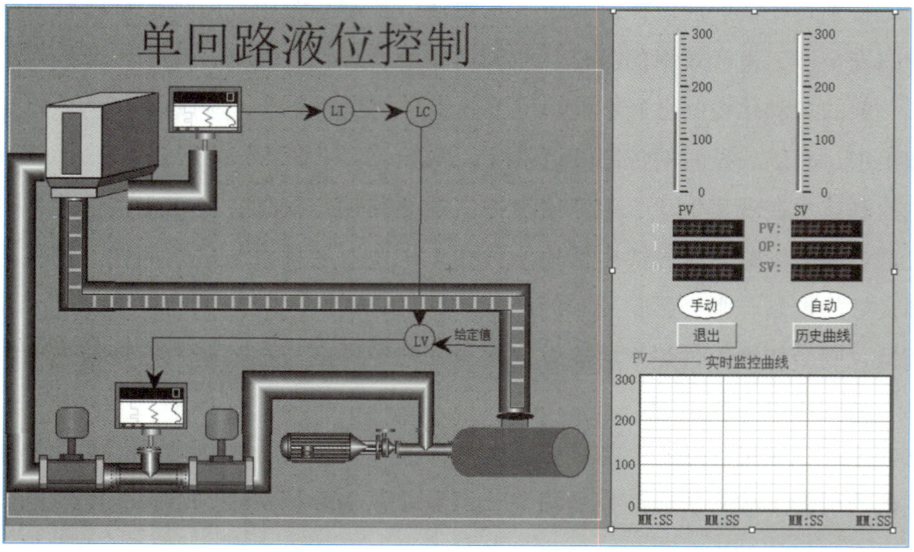

（a）单容水箱液位控制系统主画面

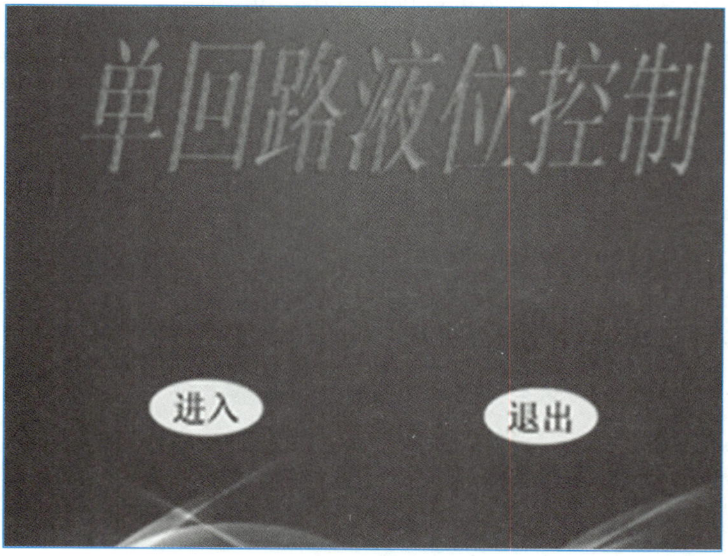

（b）单容水箱液位控制系统监控画面

图 7－9　单容水箱液位控制系统主画面与监控画面

3. 单容水箱液位控制系统所用硬件介绍

由图 7－8 可以得到所需的硬件名称及含义，如表 7－12 所示。

表 7－12 单容水箱液位控制系统硬件名称及含义表

设备名称	设备型号	含义
储水箱	—	储水装置
单容水箱	—	被控对象
磁力驱动循环泵	16CQ-8P	执行装置，$n=2\ 800$r/min，功率＝0.18kW，扬程＝8m，禁止空转
电动调节阀	ML7421A1032E	执行装置
压力变送器	KYB	检测装置，量程 0～200kPa，电源 24V，等级 0.5，输出 4～20mA
可编程控制器	S7-200 系列 PLC CPU224	控制器
PLC 输出模块	EM232	D/A 转换器
PLC 输入模块	EM231	A/D 转换器

4. PLC I/O 地址分配表

根据控制要求可以得到 I/O 地址分配表，如表 7－13 所示。

表 7－13 单容水箱液位控制系统 I/O 地址分配表

输入	地址	输出	地址
液位变送器	AIWO	电动调节阀	AQWO

5. 变频器参数设置表

根据控制要求得到变频器参数设置表，如表 7－14 所示。

表 7－14 单容水箱液位控制系统变频器参数设置表

序号	参数代号	初始值	设置值	功能说明
1	P1	120	50	上限频率（50Hz）
2	P2	0	0	下限频率（0Hz）
3	P3	50	50	基准频率（Hz）
4	P7	5	10	加速时间（s）
5	P8	5	10	减速时间（s）
6	P79	0	2	运行模式选择

6. 单容水箱液位控制系统 PLC 梯形图

因为液位变送器电流的输出信号是 4～20mA，而 EM231 的电流输入信号是 0～20mA，EM231 输出数字量与输入信号的关系如图 7－10 所示，液位变送器输出信号与水箱液位的关系如图 7－11 所示，由此可知必须进行校正，否则采集的液位不准。

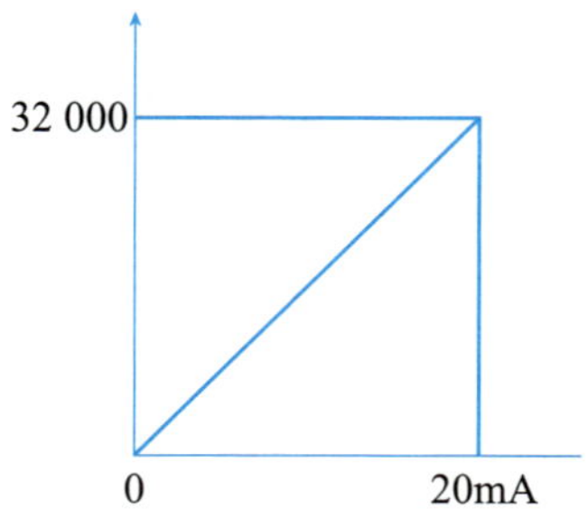

图 7－10　EM231 输出数字量与输入信号的关系

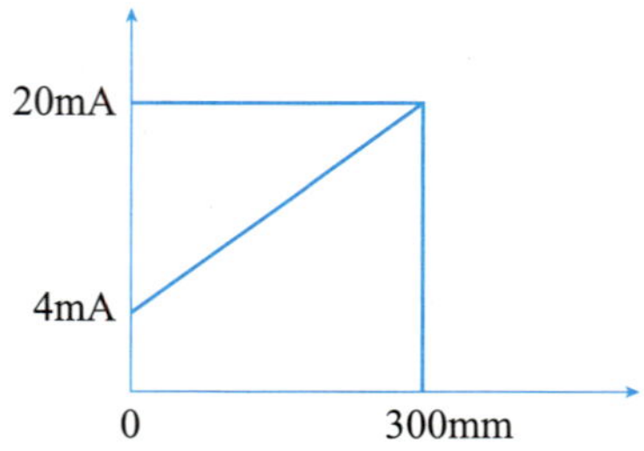

图 7－11　液位变送器输出信号与水箱液位的关系

由图 7－10 和图 7－11 可以得到，水箱液位和 EM231 输出数字量的关系如式（7－1）所示：

$$H=\frac{(300-0)}{(32\,000-6\,400)}(N-6\,400) \tag{7-1}$$

由式（7－1）可得到水箱液位和 EM321 输出数字量转换的关系如图 7－12 所示。

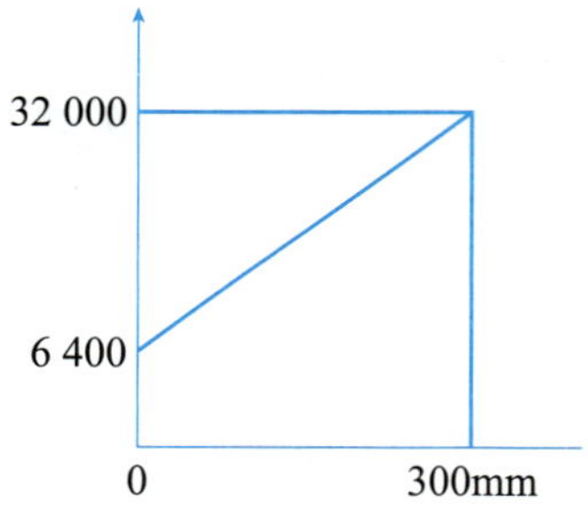

图 7－12　水箱液位与 EM231 输出数字量的关系

由式（7－1）可以得到 PLC 液位采集的梯形图。

7. 单容水箱液位控制系统组态工程制作

自主完成单容水箱液位控制系统组态。

8. 单容水箱液位控制系统整体调试

自主完成单容水箱液位控制系统整体调试工作。

9. 单容水箱液位控制系统任务单

在单容水箱液位控制系统中，在整个系统调试过程的记录如表 7－15 所示。

表 7－15　调试过程的记录表

序号	变送器设定值	调节阀输出值	记录偏差
1	开度 10%		
2	开度 20%		
3	开度 30%		
4	开度 50%		
5	开度 80%		
6	开度 100%		

任务 7.5　变频调速在恒压供水系统中的应用

1. 恒压供水控制系统的介绍和应用背景

恒压供水是指通过闭环控制，使供水的压力自动地保持恒定，其主要意义如下：

（1）提高供水的质量。

用户用水的多少是经常变动的，因此供水不足或供水过剩的情况时有发生。而用水和供水之间的不平衡集中反映在供水压力上，即用水多而供水少则压力低；用水少而供水多则压力高。保持供水的压力恒定可使供水和用水之间保持平衡，即用水多时供水也多，用水少时供水也少，从而提高供水质量。

（2）节约能源。

用变频调速来实现恒压供水，与用调节阀门来实现恒压供水相比较，节能效果十分明显。

（3）起动平稳。

起动电流可以限制在额定电流以内，从而避免起动时对电网的冲击，对于比较大的电动机，可省去降压起动的装置。

（4）可以消除起动和停机时的水锤效应。

电动机在全压下起动时，在很短的起动时间里，管道内的流量从零增大到额定流量，液体流量十分急剧的变化将在管道内产生压强过高或过低的冲击力，压力冲击管壁将产生噪声，犹如锤子敲击管子一般，故称水锤效应。采用变频调速后，可以根据需要，设定升速时间和降速时间，使管道系统内的流量变化率减小到允许范围内，从而达到消除水锤效应的目的。

2. 恒压供水系统的主电路和控制要求

（1）恒压供水系统的主电路。

通常在同一路供水系统中，设置两台常用泵，供水量大时开 2 台，供水量小时开 1 台。在采用变频调速进行恒压供水时，为节省设备投资，一般采用 1 台变频器控制 2 台电动机。主电路如图 7－13 所示，图中没有画出用于过载保护的热继电器。

（2）恒压供水系统的控制要求。

控制过程：用水少时，由变频器控制电动机 M1 进行恒压供水控制；当用水量逐渐增加时，M1 的工作频率也增加，当 M1 的工作频率达到最高工作频率 50Hz，而供水压力仍

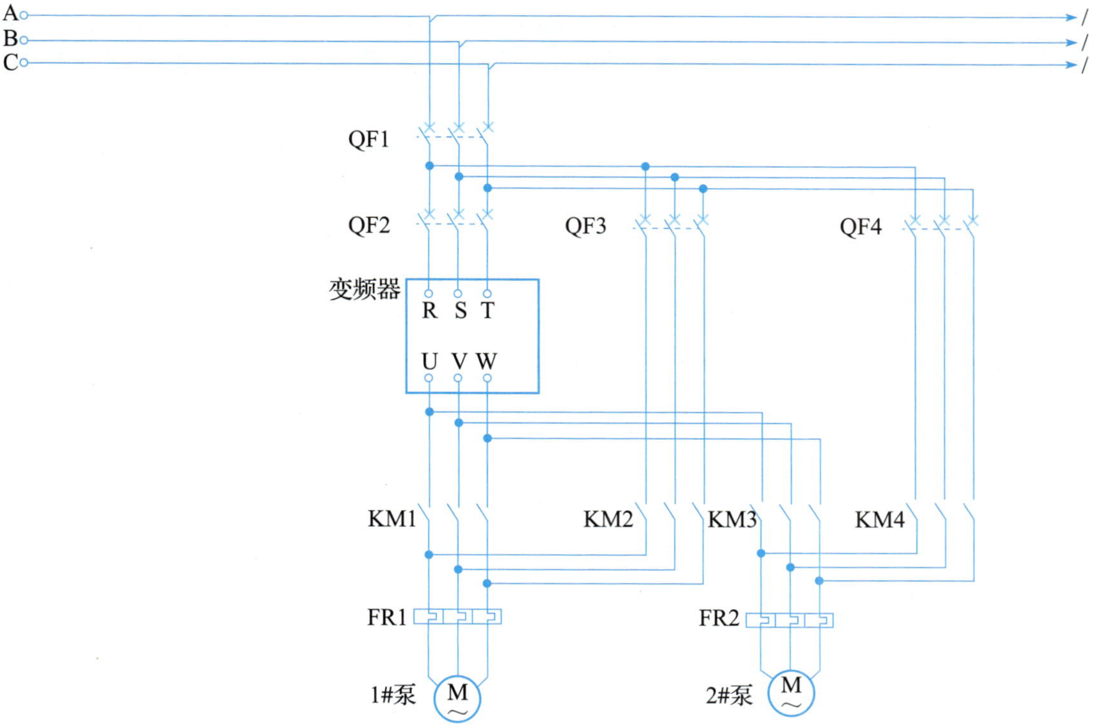

图 7-13　恒压供水系统的主电路

达不到要求时，将 M1 切换到工频电源供电。同时将变频器切换到电动机 M2 上，由 M2 进行补充供水。当用水量逐渐减小，即使 M2 的工作频率已降为 0Hz，而供水压力仍偏大时，关掉由工频电源供电的 M1，同时迅速升高 M2 的工作频率，进行恒压控制，恒压控制在 0.3MPa。

3. 恒压供水系统制作说明

前面已详细讲述了单容水箱液位控制系统的制作，其中用到了 PLC 模拟量 I/O 模块。在本次技能训练中，恒压控制与水箱液位控制很相似，这里不再一一详细叙述，自行完成恒压供水系统任务单（见表 7-16）的填写。

表 7-16　恒压供水系统任务单

<table>
<tr><th>恒压供水控系统任务单</th><th>任务评价</th></tr>
<tr><td>（1）填写本次任务主要用的设备及具体型号<table><tr><th>设备名称</th><th>设备型号</th></tr><tr><td></td><td></td></tr></table></td><td>（1）是否写出 PLC 型号；
（2）是否写出变频器的设备型号；
（3）是否写出压力变送器型号；
（4）是否写出电动调节阀的型号；
（5）是否写出 D/A 模块的型号；
（6）是否写出 A/D 模块的型号</td></tr>
</table>

续表

<table>
<tr><th>恒压供水控系统任务单</th><th>任务评价</th></tr>
<tr><td>（2）请写出本次任务变频器的参数设置</td><td>是否正确设置变频器参数</td></tr>
<tr><td>（3）本次任务的外部接线图</td><td>（1）PLC 接线是否正确；
（2）变频器接线是否正确</td></tr>
<tr><td>（4）请写出本次任务中 PLC 的 I/O 地址分配表
<table><tr><th>输入</th><th>地址</th><th>输出</th><th>地址</th></tr><tr><td></td><td></td><td></td><td></td></tr></table></td><td>（1）I/O 地址分配表是否正确；
（2）是否多分和少分输入输出点</td></tr>
<tr><td>（5）请写出梯形图</td><td>（1）写出压力采集程序；
（2）写出 PID 模块程序；
（3）写出输出模块程序</td></tr>
<tr><td>（6）系统整体调试</td><td>记录在调试中出现的问题</td></tr>
</table>

单元 7　习题

参考文献

［1］廖常初．PLC编程及应用［M］．5版．北京：机械工业出版社，2019.

［2］满永奎．通用变频器及其应用［M］．4版．北京：机械工业出版社，2020.

［3］张刚，孟令威，李鸿轩，等．智能变频技术在供水系统中的应用［J］．中国设备工程，2021(4)：20-21.

［4］朱明智．基于模糊PID控制的智能恒压供水系统研究及应用［D］．淮南：安徽理工大学，2022.

［5］侯圣语．基于PLC的变频调速恒压供水技术应用研究［J］．科学技术创新，2023(13)：209-212.

［6］廖常初．S7-1200 PLC应用教程［M］．2版．北京：机械工业出版社，2020.

［7］廖常初．S7-1200/1500 PLC应用技术［M］．2版．北京：机械工业出版社，2021.

［8］丘汉标，胡建园，耿海洲，等．基于模糊PID控制的恒压供水系统与Matlab仿真［J］．电气应用，2016，35(17)：69-72.

［9］王永华．现代电气控制及PLC应用技术［M］．6版．北京：北京航空航天大学出版社，2020.

［10］张万忠，钱入庭，孙晋，等．可编程控制器入门与应用实例［M］．北京：中国电力出版社，2008.

［11］孙振强，孙玉峰．可编程控制器原理及应用教程［M］．4版．北京：清华大学出版社，2020.

附　录

附录